农业机械田间作业
实用技术手册

主　编
董克俭

编著者
杜仪英　董　涛　陈　鹏
张　圆　徐　彬　李　娟
李　萍　李雪平　杨　春
董克林

金盾出版社

内 容 提 要

本书由徐州农业机械化研究所高级工程师董克俭主编。主要内容有:拖拉机操作规程,耕地作业,耙地作业,镇压作业,播种作业,中耕除草作业,喷雾作业和收获作业。全书内容丰富、通俗易懂,可供农业机械操作、维修人员以及农业院校相关专业的师生阅读参考。

图书在版编目(CIP)数据

农业机械田间作业实用技术手册/董克俭主编.—北京:金盾出版社,2006.12

ISBN 978-7-5082-4352-8

Ⅰ.农… Ⅱ.董… Ⅲ.农业机械化-技术手册 Ⅳ.S233-62

中国版本图书馆 CIP 数据核字(2006)第 131211 号

金盾出版社出版、总发行

北京太平路5号(地铁万寿路站往南)

邮政编码:100036 电话:68214039 83219215

传真:68276683 网址:www.jdcbs.cn

封面印刷:北京印刷一厂

正文印刷:北京四环科技印刷厂

装订:海波装订厂

各地新华书店经销

开本:787×1092 1/32 印张:3.875 字数:85千字

2009年4月第1版第4次印刷

印数:30001—50000册 定价:6.50元

前　言

长期以来，在农业生产过程中，存在着农业机械所进行的各项田间作业无章可循、无据可依的局面。各项田间作业没有明确的质量要求，没有明确的作业质量验收方法、标准。针对这一问题，作者通过多年的实践总结，编写了《农业机械田间作业实用技术手册》。该手册较详细地收集、整理、制定了各项田间作业的农业技术要求，作业质量标准，从事各项作业机具应具备的技术状态、调整方法、数据，作业质量的验收方法、标准等，是一部对农业机械化工作者较为实用的工具书。同时，也为农民兄弟监督、检查、验收作业质量提供了科学依据，对提高农业机械化田间作业水平，实现农业生产增产增收起到一定的积极作用。

由于水平有限，缺点错误在所难免，恳请读者批评指正。

编 著 者

2006 年 4 月

目 录

第一章 拖拉机操作规程……………………………… (1)
一、出车前的准备 ……………………………………… (1)
(一)整机检查……………………………………………… (1)
(二)燃油系统的检查…………………………………… (1)
(三)冷却系统的检查…………………………………… (1)
(四)润滑系统的检查…………………………………… (1)
(五)电气系统的检查…………………………………… (1)
(六)行走系统的检查…………………………………… (2)
(七)操纵系统的检查…………………………………… (2)
二、拖拉机的起动 ……………………………………… (2)
(一)手摇起动…………………………………………… (2)
(二)电起动……………………………………………… (2)
(三)用起动机起动……………………………………… (3)
(四)汽油起动转换柴油工作…………………………… (3)
三、拖拉机的正确驾驶 ………………………………… (4)
(一)起步………………………………………………… (4)
(二)变速………………………………………………… (4)
(三)油门………………………………………………… (4)
(四)转弯………………………………………………… (5)
(五)倒车………………………………………………… (5)
(六)坡路、沟、泥、雪、水路面行车…………………… (5)
(七)刹车………………………………………………… (5)
四、拖拉机的冬季使用 ………………………………… (6)
(一)入冬前的保养……………………………………… (6)
(二)在指定放水日期内放水…………………………… (6)

（三）必须加注适合冬季使用的燃油、润滑油 ……… (6)
（四）注意蓄电池受冻，适当提高电解液比重 ……… (6)
（五）拖拉机冬季启动要求……………………………… (7)
（六）拖拉机起步前，变速箱挂挡要轻便 ……………… (7)
（七）各行走系统应转动灵活，不准高挡猛起步 …… (7)
（八）拖拉机作业时，不得擅自离开工作岗位 ……… (7)
（九）要及时清除行走部分的泥土，防止冻结 ……… (7)
五、液压悬挂系统的操作 ………………………………… (8)
（一）正确使用油泵分离机构手柄…………………… (8)
（二）正确使用操纵手柄……………………………… (8)
（三）操作手柄的注意事项…………………………… (9)
（四）正确选用液压油 ……………………………… (10)
六、电气设备的使用………………………………………… (10)
（一）一般要求 ……………………………………… (10)
（二）蓄电池的使用要求 …………………………… (10)
（三）电启动的使用要求 …………………………… (11)
（四）发电机的使用要求 …………………………… (11)
（五）晶体管调节器的使用方法 …………………… (12)
（六）附属电器设备的使用要求 …………………… (12)
第二章　耕地作业 ……………………………………… (13)
一、平翻作业…………………………………………… (13)
（一）平翻作业的农业技术要求 …………………… (13)
（二）作业前犁的主要技术状态检查 ……………… (14)
（三）犁的正确挂接和调整 ………………………… (17)
（四）田间作业操作规程 …………………………… (31)
（五）犁的技术保养 ………………………………… (40)
（六）耕地作业的安全操作规程 …………………… (42)
（七）耕地作业质量的检查方法 …………………… (43)
二、深耕（松）作业…………………………………… (44)

(一)农业技术及作业质量要求 ……………………(44)
(二)作业前机具主要技术状态 ……………………(45)
(三)田间作业操作规程 ……………………………(45)
(四)安全操作规程 …………………………………(46)
(五)作业质量检查验收方法 ………………………(46)
三、旋耕作业……………………………………………(46)
(一)旋耕作业的农业技术要求 ……………………(46)
(二)作业前旋耕机主要技术状态的检查 …………(46)
(三)齿轮箱的调整 …………………………………(47)
(四)刀片的安装方法 ………………………………(50)
(五)田间作业操作规程 ……………………………(51)
(六)安全操作规程 …………………………………(55)
(七)旋耕机的技术保养 ……………………………(56)
(八)作业质量检查验收方法 ………………………(57)
第三章　耙地作业 ……………………………………(59)
一、耙地作业的农业技术要求…………………………(59)
(一)旱田整地要求 …………………………………(59)
(二)水田整地要求 …………………………………(59)
二、作业前耙的主要技术状态检查……………………(60)
(一)缺口耙主要技术状态检查 ……………………(60)
(二)丁齿耙主要技术状态检查 ……………………(61)
三、田间作业操作规程…………………………………(62)
(一)作业前的准备 …………………………………(62)
(二)耙深调整 ………………………………………(62)
(三)耙的水平调整 …………………………………(64)
(四)偏牵引调整 ……………………………………(65)
(五)偏置量的调整 …………………………………(65)
(六)耙地作业的行走方向 …………………………(66)
(七)水田耙作业的注意事项 ………………………(68)

(八)耙地作业的安全注意事项 …………………… (69)
四、耙地作业质量检查验收方法………………………… (69)
(一)检查碎土及杂草清除情况 …………………… (69)
(二)耙深检查 …………………………………………… (70)
(三)检查有无漏耙 ……………………………………… (70)
(四)检查地表平坦情况 ………………………………… (70)
五、耙的技术保养……………………………………………… (70)
(一)耙的班次保养 ……………………………………… (70)
(二)季节保养 …………………………………………… (70)
(三)水田耙的季节保养和保管 ………………………… (71)
第四章 镇压作业 ………………………………………… (72)
一、农业技术要求……………………………………………… (72)
(一)播前镇压 …………………………………………… (72)
(二)播后镇压 …………………………………………… (72)
(三)小麦压青苗 ………………………………………… (72)
(四)镇压后质量要求 …………………………………… (72)
(五)目测要求 …………………………………………… (72)
二、作业前镇压器的技术状态检查………………………… (72)
(一)镇压轮技术状态检查 ……………………………… (72)
(二)镇压器技术状态检查 ……………………………… (73)
(三)机架技术状态检查 ………………………………… (73)
(四)轴承座技术状态检查 ……………………………… (73)
(五)V 形镇压器技术状态检查 ………………………… (73)
(六)牵引拉环和牵引销技术状态检查 ………………… (73)
三、操作方法及注意事项……………………………………… (73)
四、作业质量检查验收方法…………………………………… (74)
第五章 播种作业 ………………………………………… (75)
一、小麦播种…………………………………………………… (75)
(一)农业技术及作业质量要求 ………………………… (75)

(二)播种机具技术状态 …………………………… (77)
(三)田间作业操作规程 …………………………… (78)
(四)作业质量检查验收方法 ……………………… (85)
(五)播种机的保养、保管和安全操作规程………… (86)
二、玉米播种……………………………………………… (89)
(一)农业技术及作业质量要求 …………………… (89)
(二)播种机具技术状态 …………………………… (90)
(三)田间作业操作规程 …………………………… (91)
(四)作业质量检查验收方法 ……………………… (92)
第六章 中耕除草作业 ………………………………… (93)
一、中耕除草作业农业技术要求………………………… (93)
二、中耕机具的技术状态………………………………… (93)
三、田间作业操作规程…………………………………… (94)
(一)田间准备 ……………………………………… (94)
(二)机组运行方向 ………………………………… (94)
(三)机组转弯地带的区划 ………………………… (94)
(四)使用调整 ……………………………………… (94)
四、作业质量检查验收方法……………………………… (95)
(一)中耕深度检查 ………………………………… (95)
(二)中耕层底部平整性检查 ……………………… (95)
(三)锄草效果检查 ………………………………… (96)
(四)伤苗和压苗检查 ……………………………… (96)
(五)地面平整性检查 ……………………………… (96)
第七章 喷雾作业……………………………………… (97)
一、农业技术要求………………………………………… (97)
二、喷雾机械的准备……………………………………… (97)
(一)喷嘴流量的测定 ……………………………… (98)
(二)喷液量的确定 ………………………………… (98)
(三)药剂的配制 …………………………………… (98)

(四)作业前的试喷 …………………………………… (99)
三、喷雾机的作业……………………………………… (99)
四、注意事项 ………………………………………… (100)
第八章 收获作业……………………………………… (102)
一、小麦收获的农业技术及作业质量要求 ………… (102)
(一)分段收获……………………………………… (102)
(二)联合收获(直接收获)………………………… (103)
二、收获机械技术状态 ……………………………… (103)
(一)割晒机技术状态……………………………… (103)
(二)东风 ZKB-5 型联合收割机技术状态 ……… (104)
三、田间作业操作规程 ……………………………… (107)
(一)收获前的准备………………………………… (107)
(二)操作方法及注意事项………………………… (107)
(三)联合收割机在作业过程中的正确调整……… (109)
四、作业质量检查验收方法 ………………………… (112)
(一)分段收获的割晒应注意检查留茬高度……… (112)
(二)放铺角度检查………………………………… (113)
(三)放铺厚度检查………………………………… (113)
(四)对联合收割(直接收割)质量检查…………… (113)

第一章 拖拉机操作规程

一、出车前的准备

驾驶员在出车前要对拖拉机进行必要的检查、保养和排除故障隐患，以确保机车没有故障，保证行车安全。

(一)整机检查

检查并添足冷却水、燃油、润滑油；检查并紧固各部螺栓、螺母；检查农具是否挂接牢固，位置是否正确；检查随车工具、零件是否齐全。

(二)燃油系统的检查

打开油箱开关，检查油管接头是否渗漏，并排除油路中的空气。

(三)冷却系统的检查

检查风扇是否紧固，传动皮带松紧是否合适；各水管接头是否漏水等。

(四)润滑系统的检查

检查机油是否适量，如机油突然过多或过少，都要找出原因，排除故障；要特别注意是否有渗漏处等。

(五)电气系统的检查

检查各接线螺母是否松动，电线有无破裂和裸露的地方；照明、喇叭是否正常；蓄电池电解液面应高出极板 10～15 毫米，清除接线柱处的油污脏物。

(六)行走系统的检查

轮式拖拉机要检查轮胎气压，若气压不足应充足至规定压力；履带拖拉机要检查履带的松紧度。

(七)操纵机构的检查

将主、副变速杆放在空挡位置，动力输出轴操纵手柄放在空挡位置，液压操纵手柄放在非工作位置。

二、拖拉机的起动

正确地起动，是延长机器寿命的重要环节。起动发动机前，最好先用手摇转动发动机，这在天气寒冷时尤其必要。溜坡起动或拖拽起动，都会严重加速轮胎、曲轴、齿轮、离合器等零件的磨损，甚至造成一些零部件的损坏。

(一)手摇起动

单缸柴油机一般都是手摇起动。起动时，先将油门放在1/2～3/4之间。左手打开减压，右手用力逐渐加速摇转曲轴，当摇转最快时放开减压手柄，发动机即可着火。

(二)电 起 动

先拉大油门，打开“电门”，将离合器踏板踩到底，将起动开关转至“起动”的位置，发动着火后即可转回“0”位。起动电动机连续工作时间不能超过5秒钟，若第一次发动机未能起动，应停留10秒钟以上，再第二次起动。若三次起动不着，要找出原因，排除故障后再行起动。低温时，可以使用“预热”起动，将起动手柄移到“预热”位置，停留10～15秒钟后，再将起动手柄移到“预热起动”位置，当起动电动机带动发动机快速运转时，将减压手柄扳至工作位置，发动机即可起动。

(三)用起动机起动

东方红-75、铁牛-55拖拉机是用AK-10汽油机起动的,使用这种起动机应注意以下几点。

1. 起动机燃油要用混合油 混合油按体积为15份汽油掺1份柴油机机油。

2. 起动时起动绳不要绕在手上 以免反转引起事故。

3. 起动新车或停放较久的拖拉机 应从起动机减压阀和曲轴箱加油孔处加入25毫升机油,并用手转动几圈飞轮,以润滑各摩擦表面。

4. 若接合齿轮与飞轮齿圈提前脱开时 应调整自动分离机构飞块弹簧,禁止用手压住接合手柄的办法,强行阻止其脱离,以免发生事故。

5. 未带动主机前起动机运转时 主机不要供油,即油门放在熄火位置,否则将造成积炭,稀释机油破坏润滑乃至引起自动分离机构过早分离。

6. 起动着火后,低速预热后再负荷运转 起动机带发动机连续运转不能超过15分钟,不允许过热和超负荷工作。

7. 主发动机进气管内禁止加入汽油 以免引起飞车和爆震。

8. 当向主机供油后,不准将减速器再倒回第一挡 否则会引起起动机超速飞车。

9. 主发动机经充分预热后,机油压力表上有了读数后才允许供油 如果压力表没有读数,要立即停车检查,排除故障。

(四)汽油起动转换柴油工作

东方红-28拖拉机的发动机起动,是利用减压装置将柴油工作时的压缩比14.5降到5.5～6,然后向气缸内供给汽油混合气,柴油机在起动机带动下,由磁电机点火,使进入汽缸内的混合气燃烧而起动，然后再转换成柴油而工作的。在起动中应注意以下问题。

1. 在转换成柴油工作时 必须先把减压手柄推到柴油工作位置，然后再把手油门推到供油位置。

2. 柴油机在由汽油转换成柴油工作前 必须先将汽油箱关闭，使浮子室的汽油燃尽，在柴油机转速迅速下降的瞬间，利用柴油机空转惯性将汽油换成柴油工作。用汽油起动柴油机后，若机油压力低，不应使柴油机高速运转。机油压力一直上不来时，应熄火检查，排除故障。

三、拖拉机的正确驾驶

正确驾驶拖拉机，首先要严格执行机务规章和安全行车的要求；其次，要熟悉自己驾驶的机车技术性能，掌握其特点；了解作业环境、条件，认真总结经验教训，遇到问题时，要处理果断。拖拉机的正确操作技术如下。

(一)起　步

认真观察机车前后左右，当确认无任何障碍后再发行车信号(如按喇叭、加大油门等)，挂低挡平稳起步。切记不要猛松离合器，以免发生冲击，引起机器损坏。拖拉机行驶中，不要把脚放在离合器踏板上，以免磨损离合器。

(二)变　速

拖拉机在行进中，要根据负荷、道路情况灵活变挡。换挡时，要尽可能做到齿轮没有碰击声。严禁用离合器处于半接合状态的办法降低车速。

(三)油　门

根据负荷情况和车速要求灵活掌握油门大小，原则是要尽可能保证在机器额定的负荷下工作。在作业负荷较小而作业速度又受限制的条件下，应当使用高挡小油门，实现高效低耗的目的。

(四)转　弯

不要高速转弯。运输作业中，转弯时注意是否有障碍。悬挂农具转弯时，注意农具不要碰着人。转弯时，严禁用差速锁，以免造成翻车。

(五)倒　车

缓慢倒车，随时做好停车准备。倒车挂接农具时，脚踏离合器踏板一定要牢稳，防止滑脱，以免出现人身伤亡事故。

(六)坡路、沟、泥、雪、冰路面行车

下坡时，应挂低挡控制车速。严禁空挡滑行或踏下离合器踏板下坡。上坡前要预先选挂适当的挡位，不要在坡途换挡。尽量不要上、下坡转弯，尽量避免横坡行驶，横坡（或斜坡）方向行驶时，必须用低速，不得急转弯。

拖拉机（尤其载有负荷时）下坡时，注意控制产生下滑惯性力，在惯性下滑力的作用下，转弯时可能会出现反向，要注意反向操作，手扶拖拉机最好用人力推扶手转向。

拖拉机越沟堑时，沟深、埂高，要填平、铲低；沟不深、埂不高时，可低速、斜过，不能猛冲。

拖拉机在泥、雪、冰路面行驶时，要低速谨慎驾驶，不能急刹车，以防失去方向控制。如果后轮单边打滑时，可以用差速锁克服打滑地段。

(七)刹　车

遇到紧急情况需要急刹车时，切不要踩死刹车不放松。要用“点刹”的办法，即将刹车踏到底后稍松一下，再踏到底稍松一下，反复几次，这样才能使车在最短的距离内停车。而且，点刹车可以防止打横、甩尾的现象出现。

四、拖拉机的冬季使用

拖拉机在严寒季节作业，条件十分恶劣，使用不当，会出现冻害、加速磨损现象。拖拉机冬季使用（尤其是高寒地区）除严格遵守一般的安全生产操作规程外，还应认真执行拖拉机冬季使用的特殊操作要求。

（一）入冬前的保养

入冬前，要进行一次高号保养，保证机车具有良好的技术状态，同时做好保温和防冻准备。按规章换用冬季用主燃油、润滑油、电解液，车用保温被，车库保暖和冬季劳保用品。

（二）在指定放水日期内放水

发动机停止作业熄火后，待水温降到 60℃～50℃时，打开水箱、机体放水阀放水，待水放尽时，用摇把转动曲轴数圈，确认冷却水彻底放净后，驾驶人员才能离开，并挂上“无水”的牌子。

（三）必须加注适合冬季使用的燃油、润滑油

发动机润滑系统的机油温度调节阀应转到冬季使用位置。空气滤清器油盘内要加注 1/3 的柴油进行稀释。气温低于－20℃时，可将传动系统的冬季齿轮油加入 1/4 的柴油混合使用；用黄油润滑的部位，黄油（润滑脂）内可加入适量的机油。

（四）注意蓄电池受冻，适当提高电解液比重

详见电气设备的使用。

（五）拖拉机冬季起动要求

第一，严禁用明火烤车。用木炭火烤油底时，用火不可太猛，保证机油温度不高于 100℃，以免机油变质；烤车前应将车门、保温被、护板打开，以便观察用火情况；机车各油管接头要严密牢固，不得有滴漏现象，以免发生火灾；烤车时，随时转动曲轴，使全部油路的机油都得到预温；烤起动机各部位时，应卸下高压线，注意检查和防护电器、油路设备。

第二，考虑到炭火烤车易发生火灾，可在发动机熄火后立即将油底壳机油放入有盖的专用桶中，使用时用热水间接加温 70℃～80℃后，再加入油底壳。

第三，发动机得到充分预热后便可进行起动。起动机起动时，先用汽油和机油各半混合，从汽缸顶部倒入适量的混合油，润滑和密封起动机缸筒，以利起动。发动机应有保温设备。

第四，准备工作完毕后，便可按起动顺序和要求起动主机，起动时可将柴油泵上的超供器拉出。

第五，起动后要注意观察倾听各部件运转情况。

（六）拖拉机起步前，变速箱挂挡要轻便

否则要烤变速箱后桥及最终传动装置。

（七）各行走系统应转动灵活，不准高挡猛起步

（八）拖拉机作业时，不得擅自离开工作岗位

每工作 2～3 个班次应放主燃油箱的沉淀油，防止有水冻结油路。下雪天加燃油时，要防止雪花落入油中。

（九）要及时清除行走部分的泥土，防止冻结

五、液压悬挂系统的操作

(一)正确使用油泵分离机构手柄

东方红-75、铁牛-55 拖拉机使用液压悬挂系统时,应在发动机起动前,将油泵的操纵手柄放在“接合”位置。严禁在发动机起动后接合油泵操纵手柄,以免损坏接合器。

不使用液压系统时,应分离油泵传动装置。

长期不使用液压系统时,要定期(1～2 个月)进行维护性运转,即让液压悬挂系统工作几分钟,升降数次,以防配合件的卡滞、锈蚀。

(二)正确使用操纵手柄

1. 东方红-75、铁牛-55、东方红-28 等拖拉机操纵手柄的使用 这类拖拉机装有 FP1-75A 型四位式分配器。分配器操纵手柄有提升、浮动、中立、压降 4 个位置。

将手柄扳到“提升”位置,农具就提升,当农具升到需要的高度时,将手柄扳到“中立”位置。

下降悬挂农具及使农具进行田间作业时,将手柄扳到“浮动”位置。

“中立”位置主要用于运输作业。这时油缸上、下腔液压油被密封,活塞不能移动,保持农具对拖拉机的相对位置成刚性连接。不要用“中立”位置在不平地面上作业。如耕地则会使耕地质量恶化和高压软管损坏。若采用无支承轮的悬挂农具进行轻负荷作业(如中耕、喷雾时),可以用“中立”位置配合使用活塞行程调节装置,以“位调节”工作。

“压降”位置用于迫使农具下降,只有在要求强制入土的机具或在很硬的土壤上耕作犁不能入土时,用“压降”位置,但在强制入土后，应立即将手柄扳到"浮动"位置，否则将顶起拖拉机后轮，并容易引起农具损坏。

2. 东风-50、东方红 32-40、泰山-25 及丰收-35 拖拉机操纵手柄的使用 在不平地面耕地时，应采用力调节作业。在土壤比阻变化小，地面平坦的田间作业时，可以用位调节。运输或固定作业，不需使用液压悬挂系统时，应将手柄都锁定在下降位置，并分离油泵传动装置。

设有力调节和位调节两套操纵手柄，使用中要注意相互配合。力调节手柄和位调节手柄都能控制主控阀，因此，在使用力调节手柄时，必须把位调节手柄扳至提升位置；当使用位调节手柄时，也必须把力调节手柄扳至提升位置，以免相互干扰。

东风-50 悬挂机构上拉杆的连接板上有 3 个孔。使用力调节工作时，上拉杆前端一般连接在中孔内；轻负荷作业时，连接在上孔；特重负荷或带有限深轮的农具作业时，则连接在下孔。斜拉杆的调整用以保持农具左右的水平位置。其中左斜拉杆长度出厂时已调好，工作时只调右拉杆，如在犁耕中，出现左深右浅，应以放长右斜拉杆进行调整，直至左右深浅一致；反之，则缩短。限位链用来限制农机具的摆动范围，对作业的直线行驶要求高的，应调紧，反之，适当调松，以不碰后轮为限。

(三)操作手柄的注意事项

第一，在油泵运转的情况下，手柄不要停留在使主控制阀将油路全封闭的位置上。

第二，为保证作业时的同一耕作深度，可用挡销定位，使手柄停留在准确的位置上。

第三，悬挂农具运输或转移地号时，为确保安全，分置式悬挂系统可将油缸上的定位阀压下，并同时将定位挡块移到活塞杆上方固定;半分置式或整体式悬挂系统,用挡销将手柄锁定在"提升"位置。

第四,具有力调节的液压悬挂系统,不允许用上拉杆支座上的销孔当作牵引销孔拖拉重物,或者把它作为牵引装置斜撑杆的受力点。

(四)正确选用液压油

分置式液压悬挂系统可用柴油机机油,夏季使用20号柴油机机油,冬季使用30号柴油机机油。半分置式液压悬挂系统,夏季可用30号车用机油,冬季可用15号车用机油。整体式液压悬挂系统,夏季用20号齿轮油,冬季用30号齿轮油。

液压系统应按规定及时清洗滤清装置和定期更换油液。换油时要趁热放出油液,并将手柄放到"下降"位置,使油缸内的油同时排出。与传动箱共用油液的机车,应在清洗完液压系统、分离油泵传动装置后,才能清洗传动箱,最后换油。

注意,在新车或大修后的车进行负荷运转时,最好不使用液压系统或分离传动装置,以免铁屑进入液压系统。

六、电气设备的使用

(一)一般要求

电路接头连接导线要牢固,导线要清洁干燥。不生锈,不漏电,不随意调整和拆卸电气设备。

(二)蓄电池的使用要求

第一,蓄电池表面要清洁,通气孔要畅通。

第二,液面应高于极板15毫米。电解液因损失不足时,应加入同比重的电解液,因蒸发而不足时,应加蒸馏水。

第三,电解液比重随气候条件变化而定,一般夏季为

1.24～1.28，冬季为1.28～1.32。

第四，蓄电池的电压要充足，单格电压应保持在1.8～2.5伏特，当降低到1.7伏特时，禁止继续使用，用高频放电叉检查时，低于1.5伏特时禁止使用。

第五，蓄电池在夏季放电50％、冬季放电25％时，应及时充电，不得长期亏电放置。

第六，电池盖面上不允许放置工具和金属制品。

第七，不得把蓄电池放在火源附近或潮湿地方，要防日晒雨淋和剧烈震动。搬运时要轻拿轻放。

第八，修理维护电气系统，需要拆卸导线时，先拆搭铁线，安装时，最后接搭铁线。

（三）电起动的使用要求

第一，每次起动按电钮不得超过5秒钟，两次起动间隔不得少于15秒钟。三次起动不着火，要查明原因后再进行起动。

第二，起动时切离离合器。着火后立即松开按钮。

第三，发动机工作时，不准按起动按钮。

第四，电动机与蓄电池的连接导线应牢固、清洁。

第五，点火提前角准确，不得过早或过晚。

第六，白金触点平面平整、光洁，防护盖密封良好。

（四）发电机的使用要求

第一，发电机的外部、整流子、电刷清洁。电路联接正确可靠，电刷接触良好，安装时注意方向。

第二，轴承要定期润滑。挂卸发电机皮带时，必须在机车熄火后进行。

第三，永磁发电机的负荷必须相匹配使用。

第四，硅整流发电机除与上述发电机相同外，还有如下使用要求：

一是注意搭铁极性。目前使用的硅整流发电机基本上都是负极搭铁，绝对不可接反，否则将烧坏发电机的整流二极管。二是在检查试验发电机是否发电时，切不可采用短路试火的方法，以免烧坏整流元件。三是停车时必须将开关断开，否则蓄电池电流长时间经过激磁线圈，将使线圈烧坏。四是检修发电机时，可用万能表 R×100 或 R×1000 挡位测量整流二极管的正、反向电阻值（正向电阻值在 10 欧姆左右，反向电阻值应在 10 千欧姆以上）。正、反向电阻值过大或过小，说明元件已损坏，应更换元件。严禁用 220 伏特交流电源和兆欧表测正、反向电阻值。

（五）晶体管调节器的使用方法

硅整流发电机及调节器有故障时，不允许像直流发电机那样随便做短接试验。如误将正极与负极短接，容易烧坏发电机的整流二极管，若将磁场线柱与负极短接，则会烧坏晶体管调节器。如要试验发电机是否发电，可用车用灯泡试验，即将蓄电池至发电机上正极的接线取下（注意不能搭铁），然后将灯泡的一端接到发电机正极接线柱上，另一端搭铁进行试验。如灯泡亮度正常，说明发电机能正常发电，灯泡不亮，则发电机不发电。

（六）附属电气设备的使用要求

第一，充电指示灯、电路、电流表和断电器不准随意调整和拆卸。

第二，电阻丝预热起动机车，预热时间不应过长，电阻丝发红时，立即起动。预热器要定期加入柴油或煤油。

第三，使用的保险丝应合乎规格，不得用其他金属丝代替使用。

第四，机车熄火后，不要随便按喇叭。

第二章　耕地作业

耕地作业是整地、播种、田间管理等作业的基础。在农业生产过程中，由于耕地作业质量不好，给整地带来很多困难，既增加整地作业次数，增大生产成本，破坏土壤结构，又误农时；由于耕地作业质量不好，导致播种深浅不一致，覆土不好，影响出苗整齐度；同时，还会影响田间管理和收获作业的质量。

耕地作业的主要任务是：翻土、碎土、松土和混土（搅土），改善耕层土壤的物理状况；疏松土壤、积蓄水分，把地表的残株、杂草、有机肥和无机肥料翻到底层去，以利于消灭杂草和病虫害；改善耕层结构，有利于微生物的生化过程，达到提高土壤肥力的目的。

耕地作业应根据当时当地作业工艺的不同要求，合理选择耕作方法。

一、平翻作业

（一）平翻作业的农业技术要求

1. 适时耕翻　在土壤含水量20%左右时进行。

2. 根据土质和后茬作物确定耕深　一般为18～22厘米。耕作层浅的土壤结合施肥改土逐年加深耕层。各铧耕深一致，平均耕深与要求耕深误差不得超过1厘米。沟底平整。在同一地块内，应逐年变换耕深和耕向。对水土流失的地块，应进行等高线作业。

3. 翻垡整齐严密，不重耕，不漏耕，耕幅一致 耕堑直，百米内直线误差不超过20厘米。不立垡、不回垡，覆盖严密。作物根茬、杂草、肥料等应翻到耕层内部，达到地表洁净。

4. 翻后地面平整细碎 地表10米内，高低差不超过15厘米，无明显大土块。

5. 大地块作业 开闭垄距离应在50米以上，开垄沟宽不大于30厘米，闭垄高度不超过10厘米。地头横耕，起落整齐，不得出现三角抹斜。

（二）作业前犁的主要技术状态检查

在犁总装之后和每个作业季节之前，应对犁进行技术检查，使犁的技术状态符合要求，以保证作业质量。

1. 整机检查 将犁放在平台或平坦的地面上。悬挂犁需用支架垫起，牵引犁则应调至运输状态，使犁体离开地面，犁架呈水平状态。

第一，从第一铧铧尖到最后一铧尖拉一直线，其余各铧的铧尖均应在此直线上，其偏差不得超过±5毫米（旧犁的偏差可放宽至±10毫米）。用同样的方法检查铧翼（图2-1）。

第二，从安装犁体的犁梁底面至犁铧刃的垂直距离为犁体安装高度。各犁体安装高度差不得超过10毫米。

第三，相邻犁体的铧尖纵向距离应符合规定的尺寸要求。相邻犁体耕宽重叠量不得小于10毫米（螺旋型犁体除外）。

第四，梁架不得扭曲和变形。相互平行的主梁，其相邻主梁间距离偏差在3米长范围内不得大于7毫米。各主梁应在同一平面内，各主梁至地面的垂直距离偏差不应大于5毫米。

第五，犁的各部分连接螺钉、螺母应拧紧，螺栓头应露出螺母2～6扣。

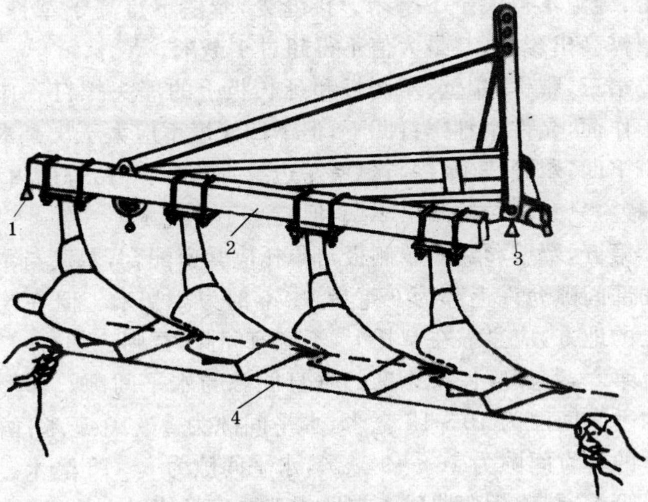

图 2-1　拉绳检查

1. 支点　2. 梨梁　3. 支点　4. 绳子

第六，牵引犁的安全装置应可靠。

第七，悬挂犁的悬挂轴调节机构和限深轮调节机构应灵活有效。牵引犁的起落机构、调节机构和地轮、沟轮等各转动部分工作应灵活有效。

第八，地轮轴、沟轮轴和尾轮轴不得变形。各轴套轴向和径向间隙均不得大于 2 毫米。

2. 犁体检查

第一，犁铧刃口应锋利，刃口厚度不得大于 1 毫米，铧刃角度应在 25°～40°之间，犁胫线刃角应在 47°～53°之间，犁铧磨刃面宽度应为 10～13 毫米，最小不得小于 5 毫米。铲宽不得小于 100 毫米。

第二，犁体的工作表面应光滑。犁壁和犁铧的接合处应紧密，缝隙不得大于1毫米。接缝处，犁壁不得高于犁铧，允许犁铧高出犁壁，其最大值不得超过1毫米。

第三，犁铧、犁壁、犁侧板和延长板上的埋头螺钉不应高出工作面，允许个别螺钉凹下，但下凹深度不应大于1毫米。

第四，犁胫线(犁铧与犁壁左边缘)应在同一铅垂面内，如有偏差，只允许犁铧凸出犁壁，但应小于5毫米。

第五，犁壁、犁铧、犁侧板与犁托应紧密配合，犁壁与犁托的局部间隙允许上部为6毫米，中下部为3毫米。但在连接螺栓的地方，应紧靠在犁托上，不应有间隙，否则应加垫。

第六，犁体应保持标准的垂直间隙与水平间隙。梯形犁铧的垂直间隙为10～12毫米，水平间隙为5～10毫米；凿形犁铧的垂直间隙为16～19毫米，水平间隙为8～15毫米。

第七，犁侧板弯曲或末端磨损严重应换修。

3. 圆犁刀检查

第一，圆犁刀应锋利，刃口厚度不大于0.5毫米，刃角为20°±2°。

第二，圆犁刀的旋转平面应与水平面垂直，如有偏差不应超过3毫米。

第三，轴承间隙不得超过1毫米，轴承应注满黄油。

第四，犁刀臂应能在犁刀柱上自由转动，犁刀臂在垂直方向游动量不得大于3毫米。

4. 圆犁刀和小前犁安装位置的检查 见图2-2。

第一，小铧尖距主铧尖距离为300～350毫米。

第二，小铧与主铧犁胫应在同一铅垂面内。允许小铧犁胫向主铧犁胫外侧(沟墙方向)偏差不大于10毫米。

第三，小犁体的安装高度应使其耕作深度不小于100毫米，一般要求是主犁(大铧)耕深的1/2。

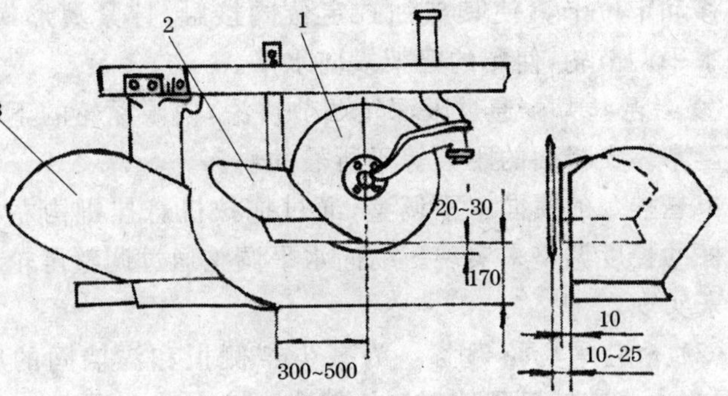

图 2-2　圆犁刀、小犁体和犁体的相对位置　(单位:毫米)

1. 圆犁刀　2. 小犁体　3. 主犁体

第四,圆犁刀安装位置应使其中心和小铧尖在同一条垂线上。其左侧面距小铧犁胫线 10 毫米。刀刃最低点应低于小铧尖 20～30 毫米。

(三) 犁的正确挂接和调整

1. 牵引犁和半悬挂犁的挂接和调整

(1) 耕深和水平调整

①牵引犁　将犁拉到平坦的地面上,先卸下地轮爪,然后把地轮垫起,垫起的高度等于所需的耕深加 2 厘米下陷量(尾轮垫 1 厘米)。转动耕深调节轮和水平调节轮,使各犁体与地面接触均匀一致,活动臂与耕深卡铁靠紧,梁架要横向水平。在耕深调节丝杆和沟轮支板所处位置各作一记号,以便在作业中继续调整。

液压升降的牵引犁,用调节油缸活塞行程的方法调节犁的耕深。按上述方法,将地轮垫起。拧松定位卡箍上翼形螺母,移动定位卡箍至活塞杆杆头部位(犁的最大耕深位置)。操纵拖拉机上的分配器手柄,使犁落下,各犁体均匀接触地面。移动定位卡箍使其与油缸定位阀接触，拧紧翼形螺母。转动水平调节轮，使犁的梁架横向水平。

② 半悬挂犁　通过限深轮调节耕深，使限深轮的下缘最低点至犁体支持面的距离等于所需的耕深。

半悬挂犁的横向水平调整，通过拖拉机悬挂机构左右提升吊杆的长度调整来实现。纵向水平调整通过调整尾轮调节螺钉来实现。

(2) 牵引犁尾轮调整　为减少犁侧板和沟墙间的摩擦力，尾轮边缘应较后犁体犁侧板偏向沟墙 10～20 毫米。为减少后犁体犁侧板与沟底的摩擦阻力和改善犁的入土性能，尾轮的下缘应低于犁后踵 8～10 毫米。调整时，先将后犁体的犁踵垫起 8～10 毫米，然后把两个尾轮顶丝拧松，扳动尾轮，使尾轮着地，尾轮边缘向后犁体犁侧板的沟墙侧偏离 10～20 毫米，最后旋入两个尾轮顶丝，分别使其顶端刚好顶靠尾轮轴架和把转向支臂靠在侧定板上，用锁紧螺母将顶丝锁紧。

通过尾轮的垂直调整还可调整犁的纵向水平。当最后一铧耕深不足时（犁架前倾），应将尾轮垂直顶丝向外拧，使尾轮向上抬起。反之，顶丝向里拧，使尾轮向下落。

尾轮拉板的长度调整原则是，升犁后（运输状态）拉板应张紧；落犁后，拉板应呈松弛状态。

(3) 缓冲弹簧的调整　为使缓冲弹簧在落犁时起缓冲作用，起犁时起助犁升起的作用，各缓冲弹簧紧度应调整一致，起犁时呈松弛状态（自由状态），落犁时则拉紧（受力状态）。

(4) 水平挂接　牵引犁通过犁的纵拉杆同拖拉机挂接。纵拉杆在犁的横拉板上的位置和在拖拉机牵引板上的位置均可调整，通过调整达到犁同拖拉机间的正确的水平挂接。

半悬挂犁则是通过前梁在牵引梁上的位置和在犁架横梁

上的位置调整，达到正确的水平挂接。

正确的水平挂接应是：拖拉机的动力中心、犁的牵引点和阻力中心成一直线，且该直线平行于前进方向并同拖拉机纵轴线重合。这种挂接状态称为正牵引。检验正牵引的标准是：拖拉机作业时直线行驶性好，行驶中不偏转；耕作中，犁的纵梁同前进方向一致，不侧斜，耕地阻力小。

动力中心是拖拉机驱动力的合力作用点，当拖拉机直线行驶时，动力中心位于拖拉机的纵轴线上。

阻力中心是犁的重心，土壤阻力以及犁轮和犁侧板反力等力的合力作用点。多铧犁的各犁体阻力中心大约位于犁体胫刃与犁铧接缝的交点处。整台犁的阻力中心可根据各犁体阻力中心而求得。多铧犁阻力中心至前趟沟墙的距离可参考表 2-1。

表 2-1　多铧犁阻力中心至前趟沟墙的距离　（单位：厘米）

犁体数 \ 至沟墙距离	犁体幅宽			
	35	20	25	30
2	30	37.5	45	52.5
3	40	50	60	70
4	50	62.5	75	87.5
5	60	75	90	105
6	70	87.5	105	122.5

（5）垂直挂接

①牵引犁　通过调整拖拉机牵引板的高低位置和犁的横拉板在犁架前弯端上的高低位置，实现犁在垂直面内的正确挂接，即犁的横拉板在犁架前弯端上的高低位置调整，应使犁的纵杆在拖拉机牵引板上的挂接点和纵拉杆在犁的横拉板上

挂接点的连线(即拖拉机的牵引力作用线)通过犁的阻力中心(图 2-3)。

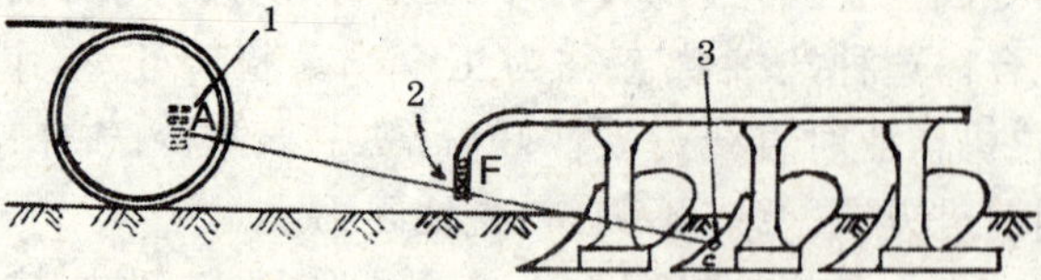

图 2-3　牵引犁在纵垂面内的挂接

1. 牵引板　2. 横拉板挂结点　3. 阻力中心

具体调整方法:将各犁体落在地面上,提起纵拉杆的牵引环,使它离地面高度等于拖拉机牵引板高度加耕深,自牵引环所在位置与犁的阻力中心拉一直线,此直线通过犁架前弯端上某一调节孔即为横拉板的挂接孔。若直线在两孔中间,地干硬时选上孔,地湿软时选下孔。

对于东方红-75(54)配套的牵引五(四)铧犁,其拖拉机牵引板和犁的横拉板挂接位置可参考表 2-2 进行挂接。

表 2-2　东方红-75(54)拖拉机牵引五(四)铧犁的纵拉杆挂接位置

耕深(厘米)	犁体数	总耕幅(厘米)	犁上的挂接位置		拖拉机上的挂接位置	
			水平方向	垂直方向	水平方向	垂直方向
22	5	175	左数第二孔	下数第二孔	牵引板中间孔	距地面高 39 厘米
22	4	140	左数第二孔或第三孔	下数第二孔或第一孔	牵引板中间孔或偏右一孔	距地面高 39 厘米
27	4	140	左数第二孔或第三孔	下数第二孔	牵引板中间孔或偏右一孔	距地面高 39 厘米

按上述步骤挂接后，还需在试耕中继续调整，直到满意为止，方可投入正式作业。

②半悬挂犁　通过调整拖拉机悬挂机构上拉杆在悬挂架上的挂接位置，并相应调整上拉杆的长度，实现半悬挂犁在垂直面内同拖拉机的正确挂接(图 2-4)。当上拉杆挂接在悬挂架上端的连接孔时，入土行程将增加，前犁体耕深趋浅，限深轮载荷较小；当下拉杆挂接在悬挂架下端的连接孔时，则犁的入土性能改善，限深轮的载荷增加。

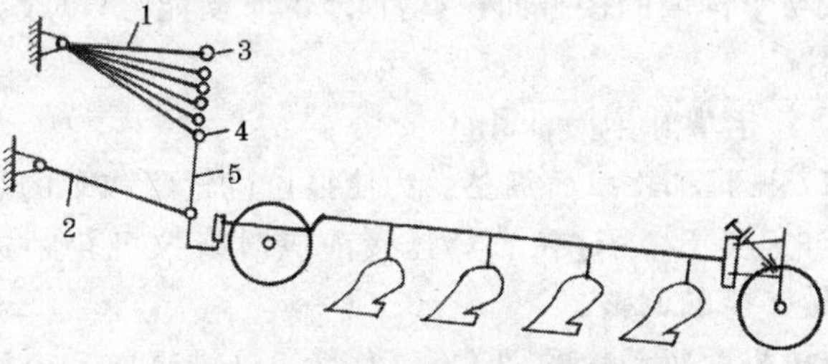

图 2-4　半悬挂犁在纵垂面内的挂接

1. 上拉杆　2. 下拉杆　3. 上端连接孔　4. 下端连接孔　5. 悬挂架

(6) 偏牵引的调整　当犁的耕幅受限制，小于拖拉机轮距(或履带间距)时，拖拉机对犁的挂接不可能实现正牵引，而只能是偏牵引、斜牵引和偏斜牵引。

①偏牵引　牵引线与前进方向平行，但与拖拉机动力中心偏离一距离。作业时，拖拉机向一侧偏驶，操向困难，拖拉机行走机构和转向机构偏磨。

② 斜牵引　牵引点、阻力中心和动力中心在一直线上，但该直线与前进方向不平行。作业时，犁偏拉，影响作业质量，增加耕地阻力。

③ 偏斜牵引　牵引线既不平行于前进方向，又不通过拖

拉机动力中心，是介于上面两种牵引状态中间的一种挂接方式。作业时，拖拉机要偏驶，犁要偏拉，但其程度均比单纯的偏牵引或斜牵引小。

我国牵引犁和半悬挂犁多与履带式拖拉机配套，履带拖拉机具有一定的抵抗侧向滑移的能力，并能承受一定的偏转力矩，因此，犁和拖拉机的挂接可以选择偏斜牵引。在不影响拖拉机操向稳定性的前提下，犁的纵拉杆尽量向拖拉机牵引板的右侧挂。为了改善犁的状况，可加长、加高犁侧板，增大犁侧板与犁沟墙的接触面积，增加犁的平衡能力，以改善犁的偏斜状况。

2. 悬挂犁的挂接和调整

（1）拖拉机轮距的调整　为使拖拉机轮距和犁的总耕幅相适应，实现正牵引，在农具挂接前应对拖拉机轮距进行检查，并做必要的调整。

拖拉机两驱动轮的理论值，为犁的总耕幅加一个犁体幅宽再加一个轮胎宽，如下式：

$$L=B+b+E$$

式中：B——犁的总耕幅（毫米）；

b——单犁体耕幅（毫米）；

E——驱动轮轮胎宽度（毫米）；

L——拖拉机轮距（毫米）。

一般拖拉机的轮距变动是有级的，根据拖拉机使用说明书提供的数据，找出与理论值接近的可调轮距。

（2）挂接　悬挂犁通常以三点悬挂方式与拖拉机连接。悬挂犁装有悬挂架（上悬挂点）和两个下悬挂点（或曲拐轴）分别与拖拉机的上、下拉杆挂接在一起。犁的上、下悬挂点均有多个孔位供挂接时选择。

对于耕深采用高度调节的拖拉机，根据犁的技术状态和土壤情况选择挂接点：铧刃锋利，土壤松软时，选择上悬挂点挂上孔，下悬挂点挂下孔的靠两端挂接法（图中虚拟牵引点Ⅰ的位置）。此时，对拖拉机增重大，可以使拖拉机发挥更大的牵引功率；当铧刃较钝、土壤较硬时，应选择上悬挂点挂下孔，下悬挂点挂上孔的靠中间挂接法（图中虚拟牵引点Ⅳ的位置）。此时，可增大犁的入土力矩，使犁的入土性能好。一般情况下，挂犁时，在满足犁的入土深度要求的前提下，应尽量选用两端孔位挂接（图 2-5）。

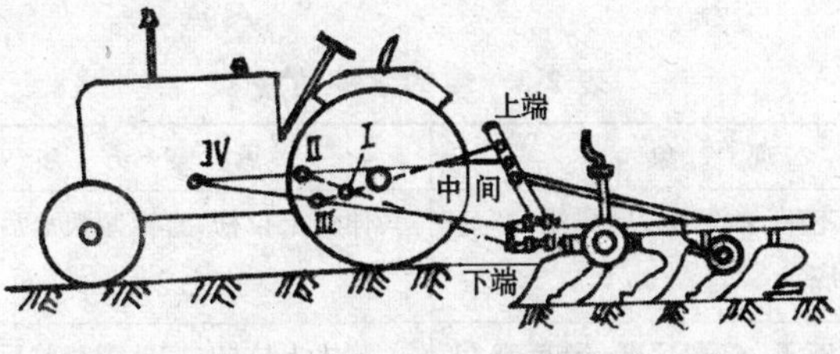

图 2-5　悬挂犁的挂接

对于耕深采用力、位调节的拖拉机，由于通过液压系统的作用，使犁和拖拉机成为一体，因而悬挂参数对驱动轮增重的影响不大。所以，在挂接时应尽量选择靠中间的悬挂孔位，使犁有较大的入土力矩。

在南方水田犁用于旱耕时，因犁较轻，当表土较硬时，常采用加大犁的入土角的办法，以改善犁的入土能力，在这种情况下，上悬挂点应挂上孔，下悬挂点仍挂上孔。

（3）耕深调整　采用高度调节的机组，通过犁的限深轮来调整耕深。摇动限深轮调节丝杆，使限深轮轮缘下部至犁体底面距离等于要求耕深。试耕时，如耕深不够，可将限深轮向上提；耕深过大，则将限深轮向下降。

采用力、位调节的机组，则通过拖拉机上的液压操纵手柄进行调节。在操纵手柄的扇形板上具有“升—降”、“深—浅”的指示标记，位调节手柄向下降方向移动角度愈大，犁的耕深也就愈大。当土壤比阻不变时，力调节手柄向“深”的方向移动角度愈大，犁的耕深也就愈大。

因耕深调节直接影响犁架水平，所以每调一次耕深时，必须同时进行犁架水平的调整。

(4) 水平调整　调整上拉杆长度，可调整犁架的前后水平；调整左右吊杆长度，可调整犁架左右水平。具体调整方法见表 2-3。

表 2-3　犁的水平调整

现　　象	调　整　方　法
犁架前后不平，前犁深，后犁浅，犁后踵离开沟底	伸长上拉杆，直至犁架前后水平
犁架前后不平，前高后低，犁后踵在沟底压出沟痕	缩短上拉杆，直至犁架前后水平
犁架左右不平，前犁深，后犁浅，接垡不平，沟底不平	缩短右吊杆长度，直至犁架左右水平
犁架左右不平，前犁浅，后犁深，接垡不平，沟底不平	伸长右吊杆长度，直至犁架左右水平

在调整上拉杆时，一定要由长调短，逐渐调到合适长度。如果开始就调得很短，会使犁入土太深，造成前体损坏。

(5) 耕宽调整和偏牵引调整　犁的第一铧耕宽应符合规定的尺寸，当第一铧耕宽偏大或偏小时，将产生漏耕和重耕，犁的作业状态变坏，耕作质量下降；当牵引线不通过拖拉机动力中心时，将产生偏牵引，使拖拉机向左或向右行驶，操向发生困难。

耕宽调整和偏牵引调整关系密切，互相影响极大，在试耕中，这两种调整需要反复交替进行，才能得到满意的结果。这两种调整在北方铧式犁系列中，是通过耕宽调节器进行的，在南方水田系列犁中，则是通过曲拐轴进行的。具体调整方法见表 2-4。

表 2-4 犁的耕宽调整

现 象	调 整 方 法	
	北方铧式犁系列	南方水田犁系列
第一铧耕宽偏大，产生漏耕	转动耕宽调节手柄，使调节套向里缩，即左悬挂点移向犁架横梁	转动曲拐轴，使左端轴销向后转，即顺时针转动
第一铧耕宽偏小，产生重耕	转动耕宽调节手柄，使调节套向外伸，即左悬挂点距犁架横梁尺寸加大	转动曲拐轴，使左端轴销向前转，即逆时针转动
拖拉机向右偏驶	耕宽调节器向右移（在横梁上位置）	悬挂轴向右移动（相对犁架）
拖拉机向左偏驶	耕宽调节器向左移	悬挂轴向左移

注：1. 进行耕宽调整时，如果伸缩耕宽调节器调节套或转动曲拐轴不能解决问题时，可以用移动耕宽调节器和曲拐轴的方法，向右移，耕宽减小，反之，耕宽加大

2. 移动耕宽调节器或曲拐轴时，要松开固定用的 U 形卡，移动后，再将 U 形卡紧固

(6) 正位调整　犁在作业时，其犁架纵梁应平行于前进方向。如因土壤松软，犁侧板配置不当或发生变形，以及由于拖拉机和犁不配套，使牵引线过于偏斜等原因，造成犁偏斜，犁架纵梁与前进方向偏斜一角度，则需进行正位调整。

如因拖拉机和犁不配套，使牵引线过于偏斜而造成犁的偏斜时，首先应调节拖拉机轮距，使之与犁的耕幅相适应。如果轮距已无法调节，则只能在不造成明显偏牵引的前提下，适当调整牵引线方向，使犁的工作状况有所改善。如因土壤松软，犁侧板压入沟墙过深而造成犁的偏斜时，可通过在犁侧板和犁托之间加垫片加以调整。

(7) 限位链调整　机组作业时，限位链应处于放松状态，下拉杆可左右自由摆动。在升起位置时，以犁不与拖拉机的轮胎或护板相碰撞为宜。

3. 手扶拖拉机配套犁的调整　手扶拖拉机型号较多，其配套犁也有多种型号，但各种犁的调整内容大体一致。现仅以12马力手扶拖拉机配套的双铧犁为例，对其调整介绍如下。

(1) 机组行驶直线性的调整　犁的牵引卡通过牵引销和

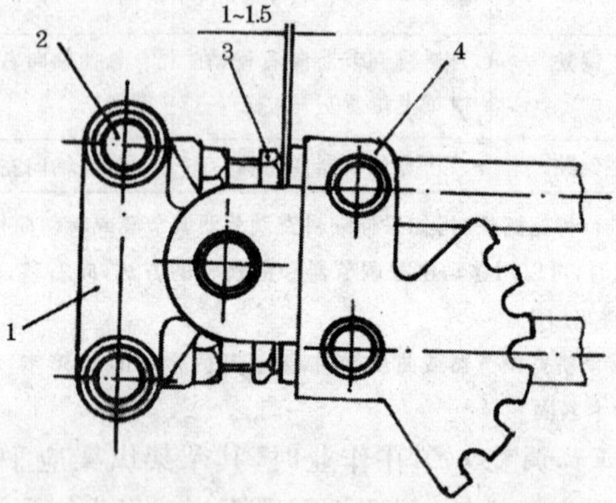

图 2-6　直线行驶性能调整　(单位:毫米)

1. 牵引卡　2. 牵引销　3. 调整螺钉　4. 中间连接架

连接头的间隙为1～1.5毫米(图2-6)。间隙过小,容易顶死,当拖拉机或犁受力稍有变化时,就会影响机组工作稳定性;间隙过大,犁左右晃动大,不易控制。正常工作时,应该调节两个调整螺钉,使机组略有向未耕地一边偏走的趋势,这样拖拉机右轮在犁沟内紧贴沟墙前进,保持直线行驶。当发现机组向右偏走时,应调长右边的调整螺钉(间隙调小),相应缩短左边的调整螺钉(间隙调大);当发现机组向左偏走时,应调长左边调整螺钉,相应缩短右边调整螺钉。调整时,应先松开锁紧螺母再转动调整螺钉,调整合适后,应拧紧锁紧螺母,以防机组振动,使间隙改变。

(2) 耕深调整　耕深调整是通过改变入土角度来实现的。调整时转动耕深调整手轮(图2-7),使后犁柱尾部向上摆动,则入土角度增大,耕深增加;若使后犁柱尾部向下摆动,则入土角度减小,耕深减小。

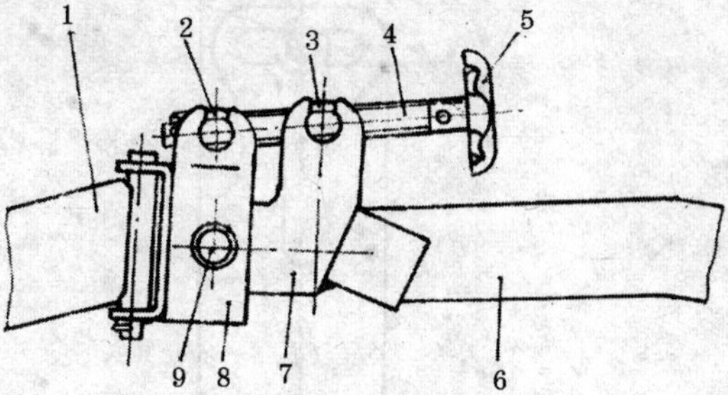

图2-7　耕深调整机构

1. 转臂　2. 长孔轴　3. 螺母轴　4. 耕深调整丝杆
5. 手轮　6. 后犁体　7. 后连接卡
8. 瓶形连接卡　9. 调整插销

(3) 前后犁体耕深一致性调整(水平调整)　前后犁耕深

不一致，不仅使耕地质量变坏，而且会引起机组走偏。前犁耕得深，机组向右偏走；后犁耕得深，机组向左偏走。为了达到前后犁耕深一致，可通过调节前犁的耕深实现。调整时，先松开前犁柱托架上的锁紧螺钉（图 2-8），然后转动前犁耕深调节手轮，使前体上升或下降。前犁体上升，则前犁体耕深变浅；前犁体下降，则前犁体耕深变深。调整合适后，将锁紧螺钉拧紧。

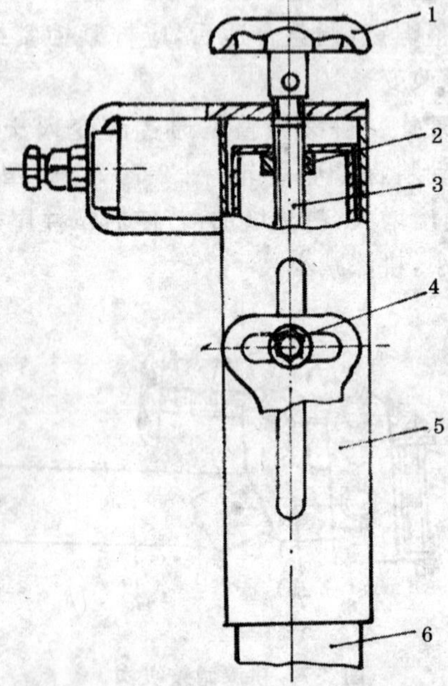

图 2-8　犁体水平调整机构

1. 前犁耕深调整手轮　2. 螺母　3. 调整丝杆
4. 锁紧螺母　5. 前犁柱托架　6. 前犁柱

(4) 耕宽调整　根据土壤状况，犁的耕宽可调整。土壤松软，耕幅可调大；土壤坚硬，耕幅应调小。为了充分发挥机组的功率，在拖拉机不超负荷和犁不漏耕的前提下，可适当调大耕幅。调整时松开横梁上的锁紧螺钉，将门形卡向内移动，使前犁向后犁靠近，耕幅变小；门形卡向外移动，前犁离开后犁，耕幅变大。调整合适后，将锁紧螺钉拧紧。

(5) 犁壁曲面调整　栅条犁壁曲面可根据作业要求进行调整。只要改变犁壁连接盘上部的犁调整支架插销在犁壁调整固定支架上的位置，以及犁壁调整固定支架上部长孔在犁柱上的位置(图 2-9)，就可以得到三种不同的犁壁曲面。

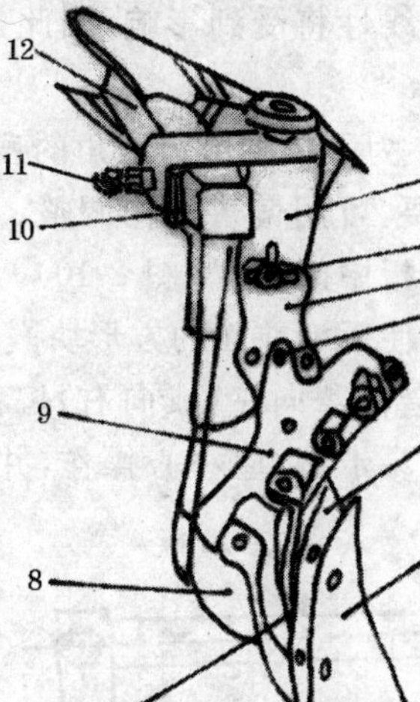

图 2-9　前犁体

1. 前犁体托架　2. 锁紧螺钉　3. 犁臂调整固定支架　4. 抽销　5. 犁胸　6. 犁铧　7. 栅条犁壁　8. 前犁柱　9. 犁壁连接盘　10. 门形卡　11. 紧固螺丝　12. 横梁

其一，犁柱上固定螺钉处在犁壁调整固定支架长孔左端

(按机组前进方向),而犁调整支架插销在犁壁调整固定支架下部最右边的孔中,这时犁壁曲面扭曲最小,其窜垡性能好,断条架空性好,有利晒垡。

其二,固定螺钉处于长孔右端,插销位于犁壁调整固定支架最左边的孔中,这时犁壁曲面扭曲最大,其翻土性能好,有利于覆盖绿肥、杂草和秸秆还田。

其三,固定螺钉处于长孔中间位置,插销也在中间孔中,其窜垡、翻土性能介于上面两种情况中间,这种曲面在一般耕作时常用。

调整时应注意,前后犁壁曲面要调整一致。犁壁曲面调整后,机组的行驶直线性将受到影响,因此,需要作相应的调整。

(6) 偏耕调整　为了减少田边地角的残留地和适应不同轮距拖拉机配套需要,可用偏耕机构调整。在一般正常情况下,偏移手柄放在齿板中间位置(图 2-10)。若压下偏移手柄向左(或向右)移动,使手柄前面的方形块嵌入齿板的右面(或左面)的齿板中,则会使犁向左(或向右)偏移,达到偏耕的目的。犁偏耕后,机组易走偏,应小心操作,并适当调整机组行

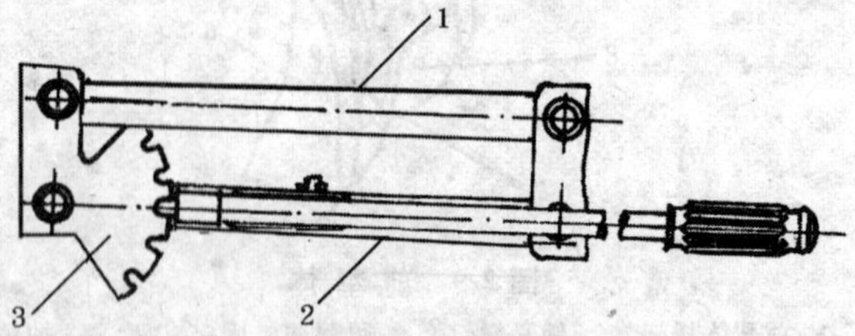

图 2-10　偏耕调整机构

1. 转臂　2. 偏移手柄　3. 齿板

驶直线性能。

(四) 田间作业操作规程

1. 田间清理 耕翻前需清理或散开成堆的秸秆、颖壳。撒开有机肥料,清除障碍物。对不能清除的障碍物,应作明显的标记。

2. 确定耕向 坡地应沿等高线耕翻,以防水土流失;土地平坦,区宽在 500 米以上的地块和方田或近似方田的地块,则应纵横交替,隔年变换耕向;翻压绿肥应顺垄进行。

3. 小区和地头宽度的规划

(1) *在规划小区前应先划地头线* 地头是供机组转弯用的,地头宽度与机组长度和机组类型有关。一般而言,地头宽度在满足机组长度要求前提下(悬挂机组约为拖拉机长度的 1.5～2 倍,牵引机组为机组长度的 2 倍),地头宽度应修整为机组工作幅宽的整数倍。

(2) *耕地头线* 地头线是起落犁的标志,它与机组的行进方向垂直。地头线一般是用犁耕一个行程。地头线的耕法视具体情况而定,土壤干硬时,宜外翻,即从地头线向地边方向耕翻,以便落犁时减少冲击,犁易入土。在土壤松软的情况下宜内翻,即从地头线向地边相反方向翻。要适当浅耕,以减少起犁时地轮打滑,保证及时起犁。一般情况下,地头线耕翻应采用隔年交替内、外耕翻为好。地头线耕的深度应为正常深度的 1/3～1/2。

4. 开 墒 在未耕地上耕的第一犁叫做开墒。开墒的好坏直接影响耕作质量和生产效率,要求开墒要正、要直、垄沟垄台要小。为了保证开墒正直,应在第一犁的行程线位置上插上标杆,各标杆应在一直线上。拖拉机应对准标杆行驶。开墒作业要采用低速挡。常用的开墒方法有以下几种。

(1) 直接开墒　将第一铧调浅(约为规定耕深的一半)，最后一铧保证规定耕深，往返耕两个行程。开墒后，各铧均应调至规定耕深，进行正常作业。为防止漏耕，当采用内翻耕作业方法时，对履带拖拉机在开墒的返回行程中，应使拖拉机右履带走在第一犁耕出的第一垡片上；对轮式拖拉机则应使轮胎走在第二个垡片上。直接开墒法效率高，操作简单，但开墒行程的耕深浅，且有较大的垄背。

(2) 重两犁法　采用内翻耕作路线时，先从地块中心用外翻法向两边耕一犁，接着用内翻法在第一、第二犁的已耕地上(垡片上)重耕一犁，以填平中间的墒沟，以后一直用内翻法耕完。这种耕法地面平整，不留明显的垄台，没有漏耕，开墒行程达到规定的耕深。但生产效率低，对作物残茬和杂草覆盖质量差。

(3) 重半犁法　采用内翻耕作路线时，在开墒的第一行程，犁架调成倾斜，前铧耕深浅于规定耕深，后铧为规定耕深。在返回行程时，拖拉机右轮走在上行程的犁沟里(右履带走在邻沟的垡片上)，使前铧重耕，后铧耕未耕地。这种方法所留垄台小，覆盖质量较两犁法好。

5. 进出堑　为确保地头整齐、深浅一致，合垄时不出现“楔子”，机组必须正确进出堑。原则要求机组进、出堑必须与地头线垂直，只有这样才能保证合垄时不出现“楔子”；地头线是起、落犁的标志，对牵引机组，一般是“沟轮落犁，地轮起犁”，即犁的沟轮到达地头线时(沟墙线)落犁(即进堑)，犁的地轮到达地头线时起犁(即出堑)。对悬挂机组则是“前轮落犁，后轮起犁”，即拖拉机前轮到达地头线时落犁(即进堑)，后轮到达地头线时起犁(即出堑)。

6. 机组行走方法　机组作业时的行走方法直接影响生

产效率、油耗和作业质量。行走方法要根据地块的大小、形状、地块的规划、小区的划分和机组形式合理选择。要尽量减少垄沟、空行程，防止重耕、漏耕，避免丢角扔边。

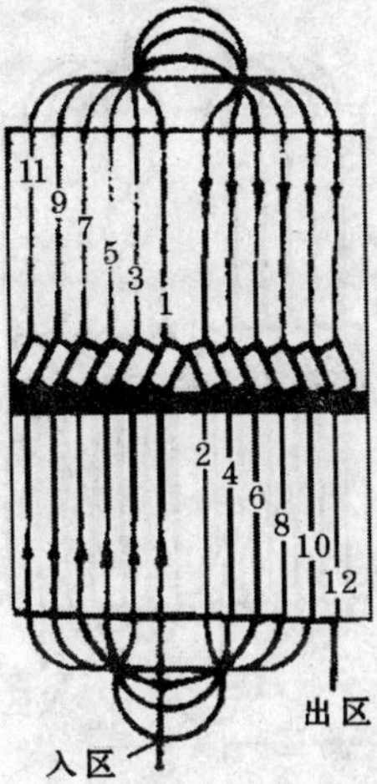

图 2-11　内翻法

机组行走的基本方法是内翻法和外翻法，其余的方法都是这两种方法的组合和发展。

(1) 内翻法(闭垄法)　机组沿耕作区中心线左侧耕第一犁。到地头起犁后，按顺时针方向进行有环节转弯，紧靠第一犁的右侧返回第二犁。依次围绕中线向内翻垡，耕后在耕区中间留一条垄。机组除开始几个行程做有环节转弯外，其余均做无环节转弯。适于窄长地块，容易掌握(图 2-11)。

(2) 外翻法(开垄法)　机组由耕作区右侧地边入区开墒，耕到地头起犁，按逆时针方向(左转弯)行走，到耕区左侧地边回犁。依次由地边向中间绕行，向外翻垡，最后在耕区中间收墒出区，耕后地块中间留有墒沟。机组除最后几个行程做有环节转弯外，其余均做无环节转弯。适用于窄长地块，容易掌握(图 2-12)。

(3) 内外翻交替法　将地块分成等宽的数个小区，小区的宽度应为耕幅的整数倍，在相邻的小区内，依次交替采用内

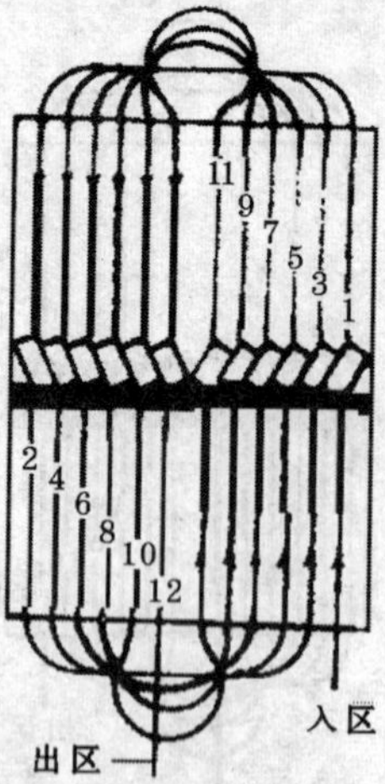

图 2-12　外 翻 法

翻法和外翻法。如图2-13所示，机组在第一区用内翻法，耕完后，转入第三区仍用内翻法，耕完第三区后，机组返回第二区用外翻法，接着进入第五区用内翻法，最后返回第四区用外翻法。依次类推，凡奇数区均用内翻法，偶数区均用外翻法，至整块地耕完。采用这种方法，地头转弯仍有环节，每个耕区中间留有沟或垄，但相邻耕区的连接处无沟、垄。因此，同单纯的内翻法和外翻法相比，整个地块的垄、沟可减少一半。

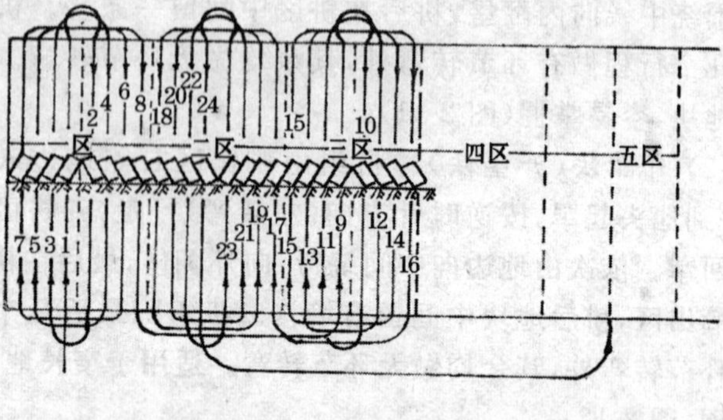

图 2-13　内外翻交替法

(4) 无环节套耕法

①四区内翻套耕法　地块分为四个小区，机组由第一区右侧入区开墒，到地头向右转弯，进入第三区左侧返回，依次用内翻法将一、三区耕完。然后用同样方法耕完二、四区。采用这种方法，整个地块中间有一条垄，地边有两条沟，机组在地头不必做有环节转弯。这种方法适于短而宽的大地块(图 2-14)。

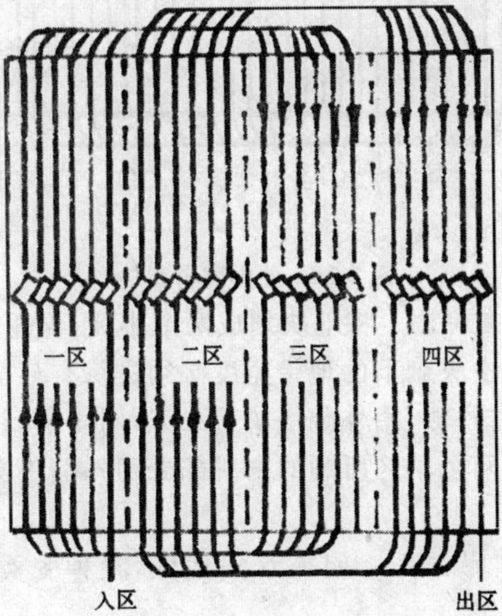

图 2-14　四区内翻套耕法

② 外、内翻套耕法　耕区分四个小区，机组由第三区右侧入区开墒，到地头左转弯；由第一区右侧返回，依次用外翻法耕完一、三区。然后从第二区右侧进入，到地头右转弯，由第四区左侧返回，依次用内翻法耕完二、四区。采用这种方法，整个耕区只有一沟一垄，转入下一个耕区时，邻接处不留沟垄，适于大地块使用。作业中，机组转弯无环节，而且左右交替转弯，减少了拖拉机转向系统的偏磨(图 2-15)。

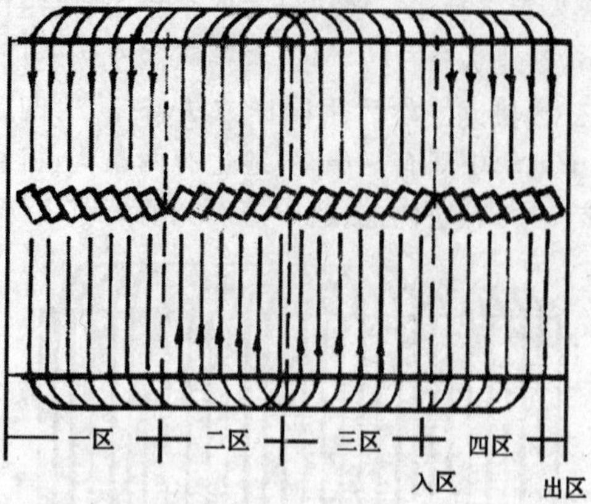

图 2-15　外内翻套耕法

③ 二区套耕法　将地块划成两个小区，先用外翻法耕第一区，当小区中央剩下的地带宽度必须进行有环节转弯时，便转入第二区右外侧，用外翻法耕第二区，同样耕到需要有环节转弯时，再将两个小区所剩的未耕部分用外翻法套耕完毕(图 2-16)。

(5) 畦作地耕法　南方水田地区，在种麦类、油菜作物时，多采用畦作。

在畦作地块上，采用拆畦和重新做畦的耕作方法。要使犁的耕幅等于畦宽的一半，这样犁往返一次即能做成一畦。耕后，使原来的垄沟变成畦，而畦背变成垄沟。耕作时，机组由第五畦进入开墒(图 2-17)，然后按照 5→9→4→8→3→7→2→6→1 顺序，顺时针运行，每畦耕一趟。然后，再从第五畦开始，按 5→9→4→8→3→7→2→6→1 的顺序，逆时针运行，每畦再耕一趟，从第一畦出区收墒。

(6) 不规则地块耕法　不规则地块的耕法较复杂，在实际运用中要灵活掌握。

① 梯形地块耕法　耕前首先找出地块的中心线，找中心线应注意地块形状的变化，如梯形的两斜边近似直线，则只需找到梯形上、下底边的中点 E、F 就行了(图 2-18a)。若斜边 CE 在 D 点有折点，则应在此处找到中心线相应的折点 G(图 2-18b)。找到中心线后，再算出梯形上下底边宽度差值。耕地时，从宽边中心线左侧入区，采用内翻法耕作，机组耕不到地头，就应提犁回耕(图 2-18a)，回耕次数由上下底边宽度差值和犁的耕幅而定，当耕到中心线两边未耕地都成等宽长方形时，就可一直耕到地头，并把余下地块耕完。

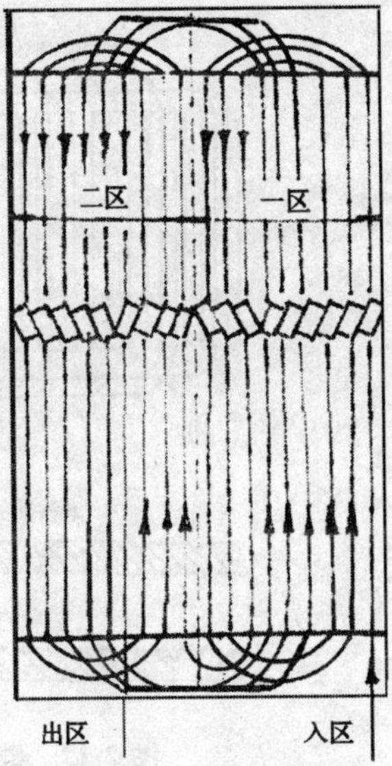

图 2-16　二区套耕法

梯形地块也可用外翻法。耕作前，在中心线两侧留出回转地，其宽度不小于总耕幅的 4 倍。在回转地两侧插上标杆，作起落犁标志。耕地时由地块右侧边入区(图 2-18c)，按外翻法逆时针行走，当耕至回转地起落犁标志时，应起犁做无环节转弯，从地头另一侧回耕。耕地行程一次比一次短，直到地块下底边耕到回转地边线时，再沿中心线耕回转地，耕两趟，收墒出区。

② 三角形地块耕法　三角形地块可采用同梯形地块相

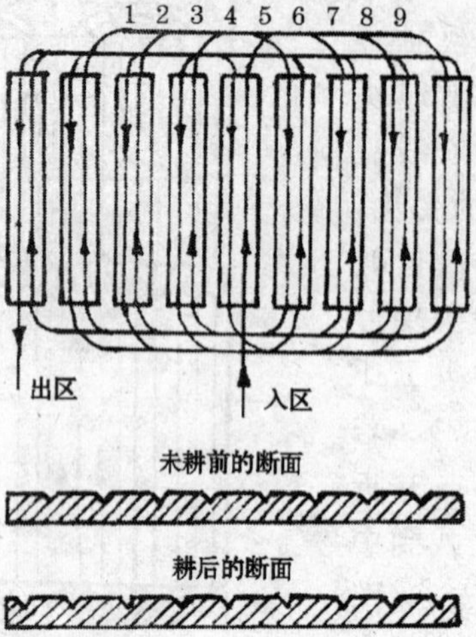

图 2-17　畦作地耕法

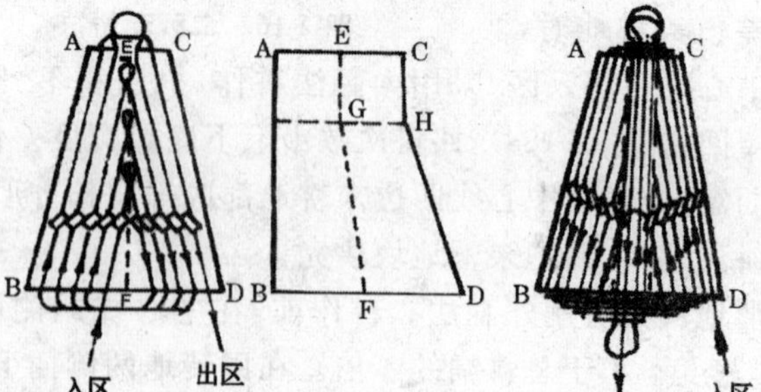

图 2-18　梯形地块耕法

似的内、外翻耕法(图 2-19)。

③ 刀把地耕法　耕地前先在地块宽的一边找到中心线 CD,(图 2-20)在地块窄的一边找到中心线 AB。在宽地块留出地头宽度为窄地块宽度的一半($H_2 = 1/2H_1$,EF 为地头线)。

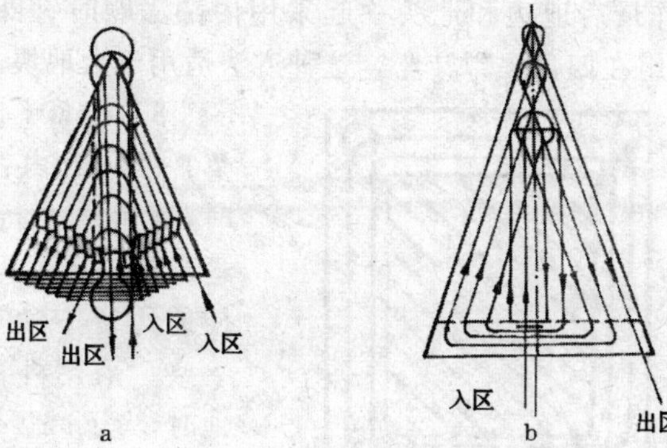

图 2-19 三角形地块耕法

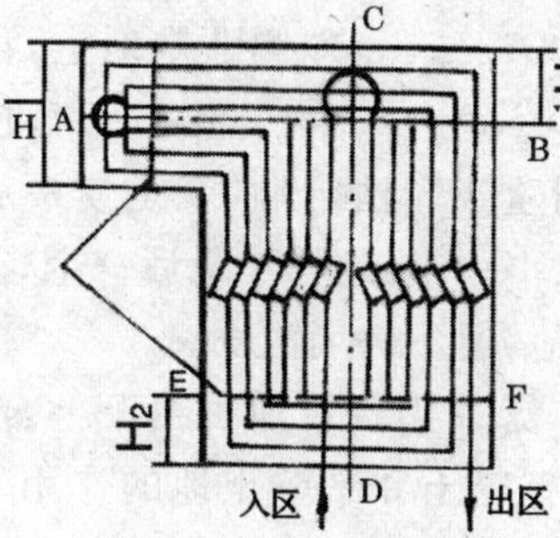

图 2-20 刀把地耕法

从宽地块中心线 CD 左侧入区开墒，用内翻法耕作，以 AB、EF 作地头线，提犁转弯，当宽地块耕至两边所留下的未耕地为窄地块宽度的一半时(即1/2H)，机组左转弯，沿 AB 线左侧套耕窄地块，用内翻法将窄地块、宽地块的地头和留下的未耕地耕完，机组在四角要提犁转弯。

7. 地头的耕法

(1) 单独耕地头　宽地块的地头可作为小区，用内翻法或外翻法单独耕。窄地块的地头，若用悬挂犁耕地，可采用倒车移行法耕，向一侧翻耕，减少沟、垄。

(2) 圈 耕 法　在耕区两边留出与地头宽度一致的地边

不耕，留作最后地边和地头一起采用内翻法顺时针圈耕(图2-21)，机组在四角提犁转弯。这种方法适用于大地块。

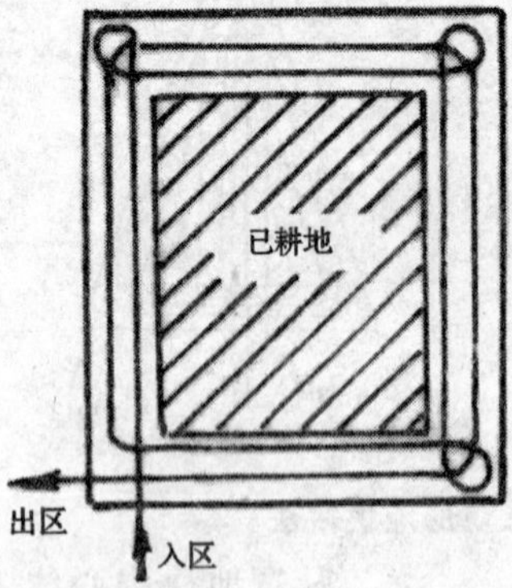

图 2-21　圈耕地头

8. 收墒(也称合墒)　采用内翻耕法时，最后一个行程，可适当将最后一铧调浅，使地边留下的墒沟小一些。采用外翻法耕地时，为了减少中间留下的墒沟，可采用重一犁合墒法，即在墒沟的左侧已耕地上，再用内翻法重耕一犁，使一个大沟分成两个小沟。也可用重半犁法合墒，就是使最后一个行程的未耕地宽度比犁耕宽小一半，这样在最后一个行程中，前铧耕未耕地，后铧耕已耕地，留下的墒沟小。

合墒器在机引犁上被广泛采用。耕地机组配上合墒器，不仅可以填平墒沟，而且具有碎土和平整土地的作用。合墒器一般都是用外圆磨损超限的轻耙耙片改制而成(图 2-22)。

(五) 犁的技术保养

犁的技术保养分每班保养和定期保养。每班保养与拖拉机技术保养同时进行。

1. 每班保养

(1)清除泥土和残株　清除各铧面与犁刀上及地轮机构和各润滑点的泥土和残株。

(2)检查主犁体、小犁体、圆犁刀在犁架上的固定情况必要时应拧紧固定螺栓。

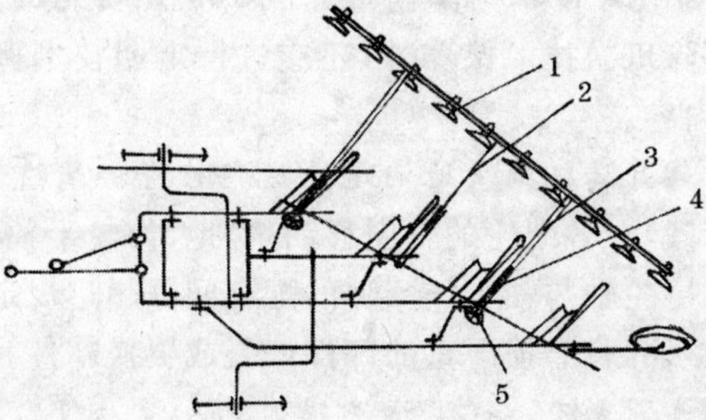

图 2-22 合墒器

1. 圆盘组 2. 撑杆 3. 悬臂 4. 丝杆 5. 手轮

(3)检查抓地板及各螺栓、螺母、垫圈、开口销等有无松动或丢失 如发现松动、丢失或损坏者，应立即拧紧或更换。

(4)检查安全装置的状态 如安全销及前后两个紧固螺栓的紧度。

(5)检查起落机构是否灵活，月牙卡铁及棘轮的磨损程度 必要时更换卡铁。

(6)检查大、小犁铧和犁壁的磨损损坏情况 必要时加以修复或更换。

(7)加注润滑油 按表 2-5 的要求向各润滑点注油。

表 2-5 各润滑点及注油周期

润滑部位	注油周期
地轮	每班 1 次
沟轮	每班 1 次
地轮半轴	每班 1 次
尾轮	每班 1 次
犁刀轴	每班 2 次
深浅调节丝杆轴承	每班 1 次

2. 定期技术保养 作业量完成100公顷或每个作业季节结束后，除班次技术保养外，还应进行定期技术保养，主要包括以下内容。

(1)拆卸升降机构及地沟尾轮进行检查 清洗轴和轴套(尾轮是轮毂)。各犁轮的轴向移动量，地、沟轮半轴与轴套的配合间隙，尾轮轴与轴套(轮毂)的配合间隙超过规定要求时，应进行调整，并将磨损严重的部件修复或更换新件。

(2)拆卸圆犁刀，检查、清洗犁刀轴及犁刀毂 当其轴向间隙、径向间隙超过规定要求时，应修理或换新件。

(3)更换密封毡圈 更换已磨损严重的密封毡圈(带油毛毡)。

(4)检查圆犁刀、犁铧的磨钝程度 必要时应磨锐或锻延；当犁铧宽小于100毫米时，要换新件。

(5)地、沟轮轴(弯轴)与轴承架配合间隙检查 超过要求及其他机件磨损时，均应修复或换新件。

(6)清洗耕深调节机构及水平调节机构的轴承、丝杠螺母 安装时均应涂注适量的黄油。

(六)耕地作业的安全操作规程

为了避免在耕地作业中发生人身、机械事故，在作业过程中必须遵守下列安全规则。

1. 机组人员必须熟悉犁的构造、调整方法、保养及安全技术要求 不熟悉者不准参加作业。

2. 作业前必须规定明显可靠的起步信号 未发出信号不要起步。

3. 机组作业时，农具手必须坐在犁的座位上 严禁站在拖拉机或犁的牵引架上，严禁在拖拉机和犁之间穿行。

4. 机组在作业中不准进行机具故障排除和清理障碍物 必要时，应停机进行。

5. 更换犁铧或拧紧犁铧螺丝　更换时，只能在拖拉机发动机熄火后或将犁与拖拉机分离后方可进行。

6. 清理犁体的工作表面粘满的泥土或挂上的杂草　清理时，应在转弯地带清理。犁被堵塞时，农具手应立即向驾驶员发出信号，停机排除。

7. 机组夜间作业应注意　应具备足够的照明设备，机组人员必须熟悉地面情况，农具手应将座位上的安全杆挂上。

8. 机组转移地块运输应注意　必须将犁工作部件升起到最高位置，避免损坏犁铧。运输时，农具手不准坐在犁上。长途转移运输时，应用铁丝扎紧手柄，防止犁体受震下落。卸掉地轮抓地板、犁架上不要放重物。如有较大障碍，应将犁体卸下另作运输，小前犁和圆犁刀等可反装在犁架上，不准高速行驶和急转弯。

（七）耕地作业质量的检查方法

1. 耕地作业质量检查　每班次不少于 2 次。

2. 耕深检查　作业中进行耕深检查时，应沿不同耕幅犁沟，在地两头和中间的不同地段随机测取 5～7 个点，测量沟壁高度，并求其平均值(即为实际耕深)，平均耕深与规定耕深相差不超过 1 厘米为合格。

作业后检查时，沿对角线方向取 5～7 个点，整平测量点，用直尺插入犁底测其深度，求出各点平均值，再减去 20%的土壤膨松度(雨后检查时减去 10%的膨松度)，即为实际耕深。

3. 各铧耕深检查　在已耕地上采 1～3 个点剖开耕幅断面，露出犁底层，再沿已耕地面拉一直线，垂直测出各铧深度，相差不超过 1 厘米。

4. 耕幅检查　顺沟墙平行方向，在未耕地上取 3 个点，距沟墙垂直距离应大于 2 个耕幅，插上标记，当机组耕过 2 次后，再测各点至新沟墙的垂直距离，求出各点的平均值除以2，即为平均耕幅宽度。

5. 翻土覆盖质量检查 在机组耕地过程中，观察是否有回垡和立垡来评定翻地质量。稳定的复土角（翻转角度）应小于52°，复土角等于90°±10°的为立垡，翻后垡片又滚回沟底和复土角明显大于100°的为回垡。

6. 开闭垄检查 对各开垄与闭垄随机取3～5个点，测出各点宽度、深度和高度，各求其平均值。

7. 地表平整度检查 用目测法观察翻垡、覆盖情况和地头地边是否整齐，有无漏耕。地表平整度检查，以地面为基准用米绳或皮尺检查，在10米宽范围内进行测量，求其实际高低差。

二、深耕（松）作业

（一）农业技术及作业质量要求

深耕（松）作业是农业生产的重要措施。深耕（松）作业应结合平翻、垄翻或中耕作业进行。一般应用于有犁底层和耕作层较浅的地块。

1. 全耕翻深耕 要求耕深在40厘米左右，各铧耕深一致，耕深误差不超过规定耕深±1厘米。翻后熟、生土混合。

2. 上翻下松（平翻深松） 松土深度应打破犁底层。各深松铲入土深度应一致，各铲误差不超过±1厘米。上层（表层）平翻，要求和普通平翻作业要求一样，下层深松，只松不翻，松土深度根据实际情况而定，原则是在打破犁底层的情况下逐年加深。

3. 全松深耕（免翻深松） 由马尔采夫无壁犁（或用普通铧式犁改装成无壁犁）进行。要求耕后松而不翻，土层不乱。

(二)作业前机具主要技术状态

1. 农具技术状态 原则上同五铧犁。

2. 深松铲应按行距要求进行安装调整 各铲行距误差不超过±1 厘米。

3. 深松铲铲尖、铲刃锋利 刃口厚度不大于 1 毫米,铲与铲柱应有足够强度和硬度。

4. 深松铲各铲底面应调整在同一平面内 各铲尖在同一直线上,误差不超过±5 厘米。

(三)田间作业操作规程

1. 作业前的准备 同平翻作业。

2. 作业机具的安装调整

(1)上翻下松(平翻深松)和全松深耕的机具调整 同平翻作业时五铧犁的调整。

(2)LSQ-3-30 型机引深耕三铧犁的调整

①耕深调节 其原理与 L-5-35 型五铧犁基本相同。调整时,需与水平调节和牵引丝杠调节相配合,第一步先调节耕深至要求深度。

②横向水平调整 调节原理同 L-5-35 型五铧犁。

③纵向水平调整 通过牵引丝杠进行。当调节套管手柄右旋时,犁的后部降低,反之,犁的前部降低。

④牵引调整 随土壤性质和耕深要求不同,牵引杆可在弧形板(有 13 个孔)的水平面内调整,直到机组不偏牵为止。最后插好定位销固定。

(3)上翻下松松土铲的安装位置

①纵向距离 松土铲的铲尖与主犁体铧尖之间的距离,一般应大于 50 厘米。两主犁体的间距应不小于 80 厘米。

②横向位置 松土铲的中心线应与主犁体的阻力中心同

在一个垂直平面内。当松土铲的宽度为主犁体幅宽的 4/5 时，松土铲的中心线最好位于主犁体中心线右侧 3～4 厘米，以免松土铲升起时与犁床相碰和保证尾轮走在未松过的沟底上。

(四)安全操作规程

第一，注意拖拉机不要长期超负荷作业。

第二，其他事项同平翻作业。

(五)作业质量检查验收方法

深度每班检查 2～3 次，每次检查 2～3 个点，挖开耕层剖面，测量深松铲入土深度及上下宽度。其他质量标准同各项作业。

三、旋耕作业

(一) 旋耕作业的农业技术要求

1. 一般春秋旋耕作业要求较深 约 12～18 厘米，夏耕、双抢的耕深要求较浅。

2. 旋耕要适时 不要错过农时。

3. 春耕绿肥田 要求打碎茎秆，覆盖严密，促使肥料腐熟。

4. 秋耕稻茬地 要耕后旋耙，要求达到土块细碎，土层松软，地表平整，以利播种。

5. 夏季双抢要带水旋耕 要求田平泥烂，打烂稻茬。

6. 质量要求 耕深均匀，不漏耕。

(二) 作业前旋耕机主要技术状态的检查

新机或每个作业季节开始前，应对旋耕机进行检查，使其主要技术状态符合要求。

1. 检查各部分的连接螺钉、螺母、开口销、销子等 有否松动或损坏。

2. 检查润滑状态 各润滑点须加足润滑油，齿轮箱和链轮箱须加足齿轮油。

3. 主、从动链轮应在同一平面内 其误差不得大于0.5毫米。

4. 装配后，链条应有适当的张紧力 其值一般为5～10千克力范围。

5. 检查万向节插销和十字节卡环 是否损坏或变形。

6. 检查左、右弯刀 应按刀片排列展开图在刀轴上呈螺旋线安装，并用细牙螺栓紧固。左、右弯刀用样板进行检查，其刃口曲线形状最大误差不得大于3毫米。左、右弯刀刃口厚度为0.5～1毫米。

7. 刀片不得有裂纹 刃口的残缺深度不得大于2毫米，刀片不得变形。

8. 在刀轴转速范围内试运转 并检查有无漏油、异常声响、松动等现象。运转中，箱体的温升不得超过30℃，运转后能用手灵活转动刀轴。

（三）齿轮箱的调整

旋耕机在使用过程中，由于轴承、齿轮等的磨损，轴承间隙和齿轮啮合情况都会发生变化，因此，需要及时加以调整。旋耕机的动力传动路线不同，调整方法也不同，现以1GN-175型旋耕机（东风-50型拖拉机配套）为例进行介绍。

1. 锥齿轮轴轴向间隙的调整 锥齿轮轴轴向间隙的正常值为0.1～0.2毫米，当间隙超过0.5毫米时，应加以调整。其步骤如下。

第一步，放出齿轮箱内的润滑油，拆下锥齿轮轴承盖2（图2-23）。

第二步，摊开止退垫圈（锁片）32（图2-23），将圆螺母拧到

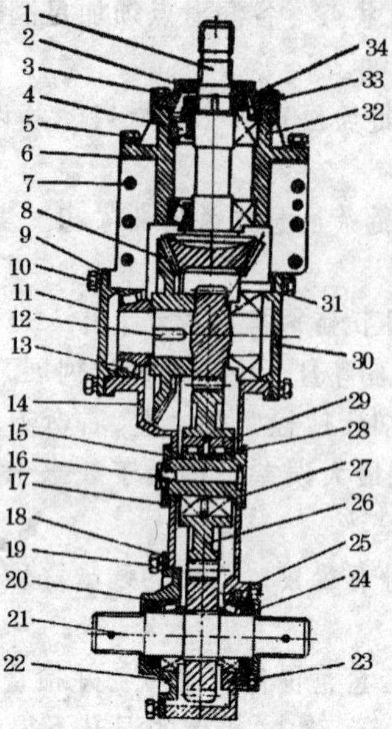

图 2-23　齿轮箱剖视图

1. 锥齿轮轴　2. 锥齿轮轴承盖　3、5、7、10、19. 螺钉　4、13. 轴承(7610)　6、9、18、25. 调整垫片　8. 大锥齿轮　11. 直齿轮轴右轴承盖　12. 直齿轮轴　14. 箱体　15. 中间轴轴端挡圈　16. 中间轴紧固螺栓　17、28. 垫片　20. 轴承(7510)　21. 刀轴花键轴　22. 刀轴右轴承盖　23、24、26. 中间齿轮　27. 中间齿轮轴　29. 轴承(42309)　30. 直齿轮轴左轴承盖　31. 轴承套环　32. 止退垫圈　33. 圈螺母

底(消除轴向间隙),然后退回 1/4 圈。这时用手转动锥齿轮轴,应能达到既能灵活转动,又无明显轴向间隙为止,最后将止退垫圈锁好。

第三步,装上轴承盖。

2. 直齿轮轴轴向间隙及锥齿轮啮合状态的调整

(1)直齿轮轴轴向间隙的调整　直齿轮轴轴向间隙的正

常值为 0.1～0.2 毫米，当其间隙超过 0.5 毫米时，应按下列步骤进行调整。

第一步，拆下箱盖螺钉 7(图 2-23)，打开箱盖，拧下螺钉 5(图 2-23)，从箱体上拿下小锥齿轮组件。

第二步，松开螺钉 10(图 2-23)，从箱体上拆下直齿轮轴左右轴承盖 30、11(图 2-23)。

第三步，用增减两边调整垫片的方法来改变直齿轮轴轴向间隙，使之达到转动灵活又无明显间隙为止。

(2)锥齿轮啮合的调整　直齿轮轴轴向间隙调好后，应立即进行锥齿轮啮合的调整。

①锥齿轮啮合印痕的检查及其调整　将红丹油涂在齿轮工作面上，给刀轴花键轴以适当阻力，转动小锥齿轮，看印痕的大小及分布情况，具体调整方法见表 2-6。

②锥齿轮齿侧间隙调整　锥齿轮齿侧间隙正常值为 0.2～0.3 毫米，如超过 0.8 毫米，即应调整。调整方法见表 2-6。

齿侧间隙的测取可用保险丝或其他轻金属，弯曲成"∽"形，放在齿轮的非啮合面之间，转动齿轮，取出被挤压的金属丝，其最薄处即为齿侧间隙。调整方法可参照表 2-6，适当后移小圆锥齿轮或左移大圆锥齿轮。

③调整注意事项　调整齿轮啮合印痕和齿侧间隙时，直齿轮轴左右轴承盖与箱体之间的垫片总数不得增减，只能把一边减少的垫片相应地增加到另一边去，以防止调好的轴向间隙被破坏。

3. 中间齿轮轴和轴端挡圈与箱体的安装检查　中间齿轮(过桥)轴和轴端挡圈与箱体之间的垫片 17、28(图 2-23)数量多少，在出厂时已调整好，使用中在拆装和保养时，不应任意增加或减少垫片厚度。

表 2-6　锥齿轮啮合的调整

1		正常	正常啮合印痕：长度应不小于齿宽的40%，在齿高上不小于40%	
2		偏小端	减少轴承套环与箱体处的垫片，后移小圆锥齿轮	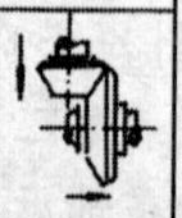
3		偏大端	增加轴承套环与箱体处的垫片使小圆锥齿轮向前移	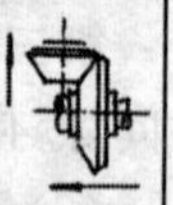
4		偏高	减少直齿轮轴左轴承差与箱体处垫片，加到右轴承压盖处，使大锥齿轮向右移	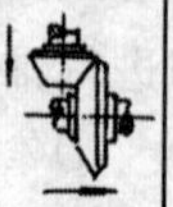
5		偏低	减少直齿轮右轴承盖与箱体处垫片，加到左轴承压盖处，使大锥齿轮向左移	

4. 刀轴花键轴轴向间隙的安装检查　刀轴花键轴轴向间隙的调整，其要求和方法可参照直齿轮轴轴向间隙的调整步骤进行。轴向间隙调好后，要检查刀轴齿轮边线与中间齿轮边线是否平齐，如有偏差还要进行调整。其方法可通过增减两边垫片 18、25（图 2-23）的数量来达到，即某一边减少垫片，另一边应增加同样厚度的垫片（注意：两边垫片不通用，应用量具测定），使两边垫片总厚度保持不变，以免将调好的轴承间隙破坏。

（四）刀片的安装方法

不同的刀片安装方法，可以获得不同的耕作效果，以适应农业技术要求。

1. 内装法　刀轴左边全装右弯刀，右边全装左弯刀，刀片全向中间弯(图 2-24c)。耕后地面中间有垄,适于做畦前耕作,有利于做畦,也可使机组跨沟作业,可起填沟作用。

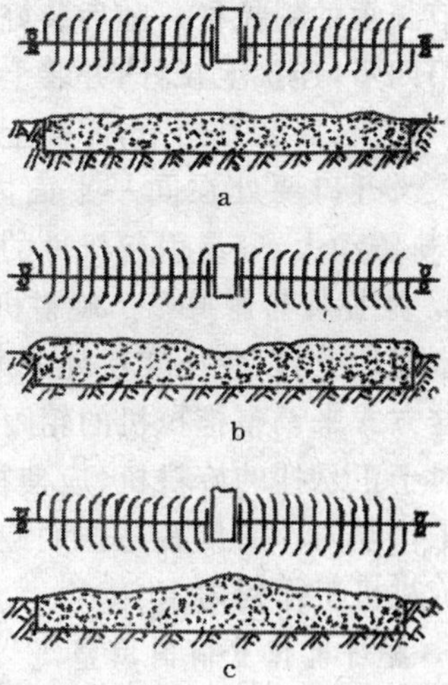

图 2-24　刀片安装方法

a. 交错装法　b. 外装法　c. 内装法

2. 外装法　左刀轴最外端和靠齿箱一端各装一把右弯刀片,其余全部装左弯刀片;右刀轴最外端和靠齿轮箱一端各装一把左弯刀片,其余全部装右弯刀片(图 2-24b)。这种安装方法耕后中间形成一条沟,适于旋耕——开沟联合作业或拆畦作业。

3. 交错装法　左、右刀轴最外端的一把刀和靠齿轮箱端的一组刀(二片)向里弯装配,其余左、右弯刀在刀轴上交错对称安装(图 2-24a)。这种装配方法耕后地面平整,适于平作,是常用的安装方法(旋耕机出厂时,刀片就是这样安装的)。

(五) 田间作业操作规程

1. 旋耕机与拖拉机的悬挂连接　以 1GN-175 旋耕机与东风-50 型拖拉机的挂接为例,其挂接步骤如下。

第一步,拆去拖拉机的牵引钩,拧下动力输出轴护套。

第二步,使拖拉机对准悬挂架中部,提起下拉杆至适当高度,将拖拉机缓慢倒至能与旋耕机左右悬挂销轴连接为止。

第三步,先装左下拉杆,后装右下拉杆(因右下拉杆上设有调节长短的斜拉杆)，随后装好插销。

第四步，连接上拉杆，并装上插销。

第五步，安装万向节，并插上两端销子。安装时注意中间两只夹叉开口要处在同一平面内，如果方向装错，会发出响声，旋耕震动大，容易引起机件的损坏。

2. 拖拉机轮距调整 旋耕机工作时，应使拖拉机驱动轮走在未耕地上，以免压实耕地。因此，需要根据旋耕机的耕幅和悬挂方式来调整拖拉机的轮距。

对于正悬挂的旋耕机，应使拖拉机的两个轮子位于旋耕机的工作幅内。而偏右悬挂的旋耕机，应使拖拉机右侧轮子位于旋耕机工作幅内。

3. 旋耕机作业前的调整

(1) *左右水平的调整(即横向水平)* 将旋耕机降下，使刀尖接近地表，检查左右刀尖离地高度是否一致，若不一致，则需调整拖拉机右斜拉杆的长度，直至左右水平为止，以保证耕深一致。

(2) *前后水平调整(即纵向水平)* 将旋耕机下降到要求耕深，视其万向节前后是否水平，夹角是否一致，或看旋耕机齿轮箱是否水平，若不平，可调节拖拉机上拉杆，直至水平为止，以保持万向节处于有利的工作状态。

(3) *耕深调节* 旋耕机的耕深由拖拉机的液压悬挂系统控制。具有力、位调节的液压悬挂系统，应使用位调节，严禁使用力调节。在旋耕机达到规定耕深后，用定位手轮将调节手柄挡住，使旋耕机每次下降的耕深一致；分置式液压悬挂系统应使用油缸上的定位卡箍调节耕深，当达到所需要的耕深时，将定位卡箍定在相应的位置上。工作时，分配器手柄应置于“浮动”位置上，下降旋耕机时不准使用“压降”位置。

(4) 旋耕机提升高度的调整　用万向节传动的旋耕机，在传动中不能提升过高，如提升过高，使万向节的倾斜角度超过 30°，会引起万向节损坏。因此，在传动中提升耕机，必须限制提升高度，一般田间作业时，只要使刀尖离地 15～20 厘米即可。如遇过沟、埂或道路运输需提升较高时，必须切断动力。为防意外，便于操作，在作业开始前，应在液压操纵手柄上用螺钉限位，以限制提升高度。

4. 旋耕机组的起步及作业速度的选择

(1) 旋耕机起步　旋耕机组进入作业区后应将旋耕机下降至接近地面。然后结合动力输出轴，运转正常后再挂挡起步，与此同时操纵拖拉机液压升降手柄，使旋耕机逐步入土，随之加大油门，直到正常耕深为止。禁止在起步前，先将旋耕机降入土中或猛放入土，以免损坏机具。

(2) 机组作业速度的选择　机组作业速度选择的原则是：碎土满足农业技术要求，沟底平整；既保证作业质量，又要充分发挥拖拉机动力，以便提高机组生产率。一般情况下，东风-50 型拖拉机用二挡旋耕，三挡耙地，动力输出轴选用低挡。

5. 旋耕机田间耕作的行走方法

(1) 梭形耕法　机组由地块一侧进入，一个行程接着一个行程，往返耕作，最后耕地头(图 2-25a)。这种方法简便、易掌握，但机组地头转弯半径小。

(2) 套耕法　地块分为两个小区，小区宽度应为旋耕机耕幅的整数倍。机组由地块一侧进入，耕到地头，提机转弯，从另一小区的相邻边进入，耕到头后，再返回第一小区，接着上个行程耕作，两区交替套耕(图 2-25b)。这种方法转弯半径大，地头小。

(3) 环行耕法　机组从地块一侧进入，沿地块四周耕作，逐渐缩小耕区，最后由地块中间出地（图 2-25c）。这种方法耕后地面平整，减小漏耕。右偏置旋耕机应从地块右侧进入。

(4) 间隔耕法　机组从地块一侧进入，到地头转弯，留下一个耕幅的地段不耕，沿图中实线行走，到地块另一侧后，再返回按虚线行走，将留下的未耕地段耕完（图 2-25d）。这种方法避免了地头小转弯，但留下的未耕地宽度要准确，否则会出现漏耕和重耕。

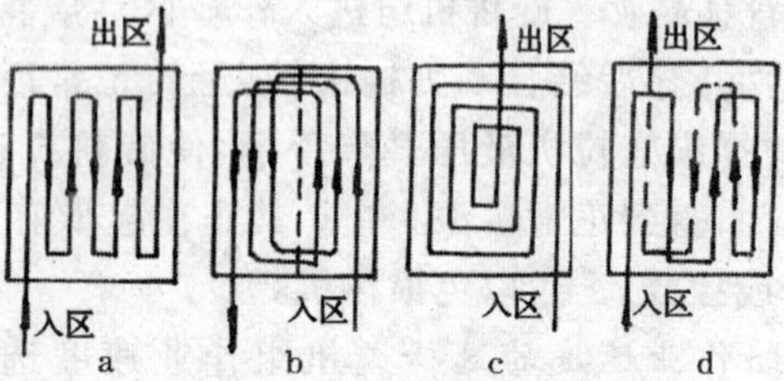

图 2-25　旋耕机组行走方法

a. 梭形耕法　b. 套耕法　c. 环形耕法　d. 间套耕法

无论采用哪种行走方法，都应防止漏耕，但允许相邻行程有少量的重耕。偏右悬挂的旋耕机组，应注意行走方法的选择，避免拖拉机左轮走在已耕地内。

6. 手扶拖拉机配套的旋耕机的调整

(1) 旋耕机的安装　为防止拖拉机变速箱齿轮油溢出，拖拉机前支架要收起，使其头部前倾着地，然后卸下牵引框，将旋耕机抬起，用螺栓固定在拖拉机的变速箱后端。在安装时，如旋耕机内齿轮和变速箱齿轮相顶，可转动犁刀轴或离合器皮带盘，使齿轮相互啮合。

旋耕机犁刀的安装和拖拉机轮距的调整可参照前面介绍的轮式拖拉机配套的旋耕机的调整方法进行。

(2) 耕深调整　通过旋耕机尾轮来调整耕深。耕深调整量不大时，可顺时针转动尾轮手柄，使尾轮上升，深度增加；反之，深度减小。调整时，尾轮内管伸出长度不要超过 120 毫米，否则易使尾轮内管、尾轮叉等零件变形。当耕深调整量较大时，需松开紧固手柄，使尾轮外套管上、下移动，使耕深增大或减少，调整合适后，旋紧紧固手柄。

(3) 碎土性能调整　通过改变拖拉机前进速度和刀轴转速来调整碎土性能。一般耕地作业耕头遍时，拖拉机前进速度用Ⅰ、Ⅱ挡，耕二遍时，用Ⅲ挡。刀轴转速常用慢挡，耕二遍或耕后土壤要求特别碎时，可用快挡(232 转/分)。

(4) 链条调整　东风-12 旋耕机，需打开传动箱盖，将一个弹簧支杆转一个角度，使张紧弹簧更靠近链条，如链条仍很松，可将两个弹簧支杆都转一个角度。工农-12 型旋耕机，需将传动箱下部调整螺钉上的锁紧螺母松开，拧入调整螺钉，使张紧装置更压紧链条，链条紧度调整合适后，再将锁紧螺母拧紧。链条张紧度可通过转动刀轴检查，一般能够较容易地使犁刀轴转过 20°左右，再转就要花大力气时，就可以认为链条张紧度合适。

(六) 安全操作规程

一是机组必须按规定检查合格后才能出车。

二是检查旋耕机万向节、刀片及齿轮箱零部件时必须切断动力。如需更换零部件时，应垫高旋耕机，将发动机熄火，严禁不熄火更换零件。

三是旋耕机在转弯、倒车时，必须升起，否则会造成刀片变形、断裂。

四是长距离转移地块或运输时，应拆除连接在拖拉机动力输出轴上的万向节。

五是工作时，旋耕机机组后方禁止站人；运输时，旋耕机上严禁站人或堆放重物。

六是经常注意万向节等处的插销及十字节卡环的技术状态，发现问题及时处理，严禁“带病”作业，以免发生意外。

七是工作中发现不正常现象应立即切断动力，排除故障后方可继续工作。

八是停车时，应将旋耕机降落着地，不得悬挂停放。

(七) 旋耕机的技术保养

及时正确地进行技术保养，是保证旋耕机运转正常、工效高、性能好和延长使用寿命的重要措施。

1. 班保养(工作10小时左右)

第一，清除轴承座、刀轴和机罩上的杂草、积泥。

第二，检查、拧紧各连接螺栓、螺母。

第三，检查各部位的插销、开口销有无缺损，必要时更换新件，不准用旧件和他物代替。

第四，检查齿轮箱的油面，不够时应添加至规定油位。

第五，检查齿轮箱有无漏油现象，必要时更换损坏的油封、纸垫。

第六，万向节十字轴和刀轴两端轴承座处应加注润滑脂。

第七，检查刀片是否缺损、松动，必要时补齐或拧紧。

2. 一号保养(完成工作量100～160公顷) 除执行班保养内容外，还应检查保养下列内容。

(1)检查齿轮箱和链轮箱内齿轮油质量 如变质或铁屑多，应更换。

(2)检查万向节十字轴是否因滚针磨损而松动，或有泥土进入而转动不灵活 必要时应拆开清洗并重新加满润滑脂。

(3)检查刀轴两端轴承是否因油封失效而进了泥水 必

要时，应拆开清洗并加足润滑脂，并更换新油封。

(4)检查刀片磨损情况　必要时应拆下重新锻打磨刃或更换新品。

(5)检查齿轮箱各轴承间隙及锥齿轮啮合间隙　必要时调整。

(6)对链传动还应检查链片和销子铆接是否松弛　必要时应重铆或更换链片；检查链条张紧器的弹簧是否失效，必要时更换。

3. 二号保养(耕作一年)

第一，彻底清除旋耕机上的油泥。

第二，放掉转动箱内齿轮油，并检查、清洗内部零件，装后加注新齿轮油至规定油面。

第三，清洗刀轴两端轴承，检查油封，必要时更换，重新安装后应注满润滑脂。

第四，拆洗万向节总成，清洗滚针，如有损坏应更换。

第五，拆下全部刀片检查，有损坏者应更换或修复。

第六，检查刀轴刀座是否开焊或断裂，螺栓六角孔是否损坏，必要时应更换或修补刀座。

第七，修整挡泥罩及平土拖板，使其恢复原状。

第八，停放保管期间，万向节应拆下室内保管，垫高旋耕机使刀尖离地，并用撑杆支好。刀片及各外露的花键轴上均须涂油防锈，非工作表面剥落的油漆应按原色喷涂补齐。旋耕机应垫起，使刀尖离地，并用撑杆支好。旋耕机最好停放室内，如露天存放，应选地势较高、不积水的地方，机上应加盖遮雨物。

(八) 作业质量检查验收方法

1. 按照农业技术要求进行作业质量检查　每作业班次

进行 2～3 次。

2. 旋耕深度检查 作业进行中检查时，沿不同耕幅靠未耕地一侧，从地块的一端至另一端随机取 3～5 个点，扒开已耕层至犁底，测底至未耕地表面的高度，即为实际耕深；作业后的质量检查方法，可参照耕地（平翻）耕深检查方法进行。

3. 目测检查地面平整程度和土壤疏松程度 地表应无大土块和明显的垄沟。

4. 检查相邻行程有无漏耕 重耕量不大于 10 厘米。

第三章　耙地作业

一、耙地作业的农业技术要求

(一)旱田整地要求

1. 适时作业　干旱地区耕后要及时耙地和镇压,以利防旱保墒。

2. 切碎土块和板结层　使表层土壤细碎、疏松、地面平坦。耙后耕层内无大土块及空隙,每平方米内直径 5 厘米以上土块不得超过 5 个。

3. 耙地时不允许有漏耙,重耙应适量　相邻作业幅重耙部分不得超过 10 厘米,耙深一致,播前耙深度应与播种深度相近,耙地方向尽量不要与播种方向一致。

4. 减少作业次数　在满足农业技术要求的前提下,应尽量减少作业次数。

(二)水田整地要求

一是耕翻后的水稻田,耙后要求土壤松碎、起浆好,并能覆盖绿肥。

二是以耙代耕的水稻田,耙后要求将稻茬直接压入糊泥中,灭茬、起浆好,耙后田面平整无垄沟,在同一地块上高低差不超过 30～40 毫米。

三是要求稻草还田的水稻田,耙地除要求碎土起浆好,还要求压草。

四是耙地深度应根据土质等条件确定，但最浅不小于10厘米，并且耙深要一致。

二、作业前耙的主要技术状态检查

(一)缺口耙主要技术状态检查

第一，缺口耙安装时，相邻耙片的缺口应错开，即轻型耙相邻耙片缺口应错开10°，中型和重型耙相邻两耙片应错开半个缺口的齿距，即一片的缺口与相邻片的凸齿相对，耙组上各耙片缺口呈螺旋线排列。

第二，偏置圆盘耙的耙组安装时，前列耙片凹面向左，后列耙组耙片凹面向右(按前进方向)。安装后，前后两列耙片的横向工作位置应互相错开，使后列耙片走在前列两相邻耙片的间隔中心线上，以保证不出现漏耙。

第三，对置圆盘耙的第一列耙组的耙片凹面应向外，第二列耙组耙片凹面向内。前列两耙组结构相同，安装时可互换；前后列耙组结构不同，安装位置不对称，安装时不能互换。

第四，水田耙的星形耙片向方轴上安装时，应使相邻耙片刀齿错开150°，并呈螺旋线排列，安装后，耙片弧形外缘在工作中应是切土动作，而不是挖土。左、右耙组的耙片螺旋排列方向应相反。对二列式耙，耙组的耙片凹面应向外。对三列式耙，第一列凹面向外，第二列凹面向内。

第五，耙片刀口锋利，厚度不大于0.5毫米，刃口角度15°～20°；磨刃宽度：轻耙8～12毫米，缺口耙为12～16毫米。

第六，耙片工作表面应光滑，刃口无损坏，如有损坏，纵向深度不超过1.5毫米，长度不大于15毫米。

第七，同组耙片下缘部应在同一水平线上，偏差不大于3毫米。刃口应互相平行，最大不平行度不得超过10毫米。

第八，耙片不应变形，圆盘间距应相等，偏差不应大于10毫米。

第九，轴承间管和轴瓦配合间隙最大不超过1.5毫米。

第十，圆盘耙组应旋转自由，耙片在轴上应牢固可靠，不应有晃动现象。

第十一，耙组角度调节机构应灵活可靠，保证耙组能在规定的偏角范围内调节。

第十二，刮土板齐全，与耙片凹面之间保持3～8毫米间隙。

第十三，各梁架和杆件不应有变形和开焊。所有紧固件应按规定拧紧，不得松动或脱落。

第十四，注油嘴应齐全完好。

(二)丁齿耙主要技术状态检查

丁齿耙主要用于碎土、平土，也用于破碎雨后的土壳，耙除杂草(苗前、苗后耙地)，覆盖种子和矿物质肥料等。丁齿耙作业前主要技术状态检查内容如下。

第一，耙架要平，不得有弯曲和扭曲。

第二，各钉齿要正直，其偏差不得大于3毫米。装配时，各钉齿尖端的棱角应位于耙的前进方向。

第三，钉齿尖端要锐利，齿刃厚不应大于2毫米。

第四，同一片耙的钉齿长度应一致，其偏差不应大于5毫米，扭曲度不得大于2毫米。

第五，钉齿应安装牢固，螺帽拧紧后，钉齿上端应余2～3扣，垫片应锁好。

第六，编组挂结后的耙片应正直无偏斜，保证作业时齿迹距为 49±5 毫米。

第七，作业时，钉齿耙的牵引线与水平线呈 10°～15°夹角，以保证前后部钉齿入土深度一致。

三、田间作业操作规程

(一)作业前的准备

1. 搞好耙的编组联结 为了保证耙组能正常工作，不允许耙组斜行，各拉杆和拉筋的长度要适当；牵引线与地面呈 10°～15°角，以保证前后深浅一致；相邻两台耙之间应有一定重复，重复度一般为 10 厘米。

2. 清理田间杂物 对不能清除的障碍物，应做出明显的标记。机组人员应了解田间的一切情况。

3. 确定耙地方向 秋翻地、春翻地和休闲地要与耕地方向呈一角度，垄上耙茬与垄向一致。

(二)耙深调整

机牵耙常见的耙深调节方法有以下几种。

1. 改变耙组偏角 改变偏角就是改变耙片与前进方向的夹角。耙组偏角越大，耙得越深，入土、翻土和碎土能力越强。偏角小，则耙得浅，入土、翻土和碎土能力下降。当改变耙组偏角不能满足耙深要求时，可用附加重量法增加耙深，但总重量不得超过 400 千克，且应分布均匀。

偏角调节装置有多种型式，调节方法也各不相同。

(1)*卡子齿板式偏角调节装置* 它安装在耙的牵引主梁上。耙片偏角的大小由卡在齿板卡子上的缺口位置来决定。齿板前移(前进方向)，偏角增大。反之减小(图 3-1)。1BY-3.4 型 41 片圆盘耙就是采用这种偏角调节装置的。

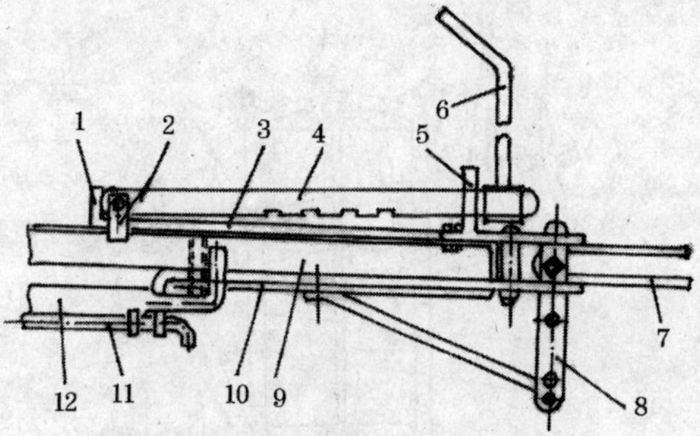

图 3-1　卡子齿板式偏角调节装置

1. 弯钩　2. 齿板　3. 上滑板　4. 齿板
5. 齿板卡子　6. 齿板杠杆　7. 牵引托杆　8. 牵引点垂直调节板
9. 主梁　10. 下滑板　11. 后列圆盘拉杆　12. 前列圆盘拉杆

(2)压板固定的偏角调节装置　旱田圆盘系列耙中的悬挂耙主要采用这种偏角调节装置。调节偏角时，松开压板和转轴压板的U形螺栓，推动耙组梁，使耙组绕转轴转动，偏角的大小由耙组梁前侧面对准耙架纵梁侧面上的刻线位置决定，纵横侧面的刻线就是偏角的刻度。为了防止耙组梁横向移动，调整时，U形螺栓不宜过松，以耙组梁能转动即可(图3-2)。

(3)IBQZ-2.5型牵引偏置圆盘耙　采用同时调节牵引杆在牵引横梁调节板的连接孔和角度调节器的定位销在角度调节杆的连接孔的方法，来调节耙组偏角。角度调节器结构如图3-3所示。牵引横梁调节装置如图3-4所示。整个调节方法参见图3-5。

2. 改变悬挂孔位　悬挂耙可以采用提高下悬挂点的孔位和降低上悬挂点孔位的办法增加耙深。

3. 当拖拉机液压悬挂机构采用力调节时，耙深可通过操纵拖拉机液压升降操纵杆的提升和降下来调节　在土质相同

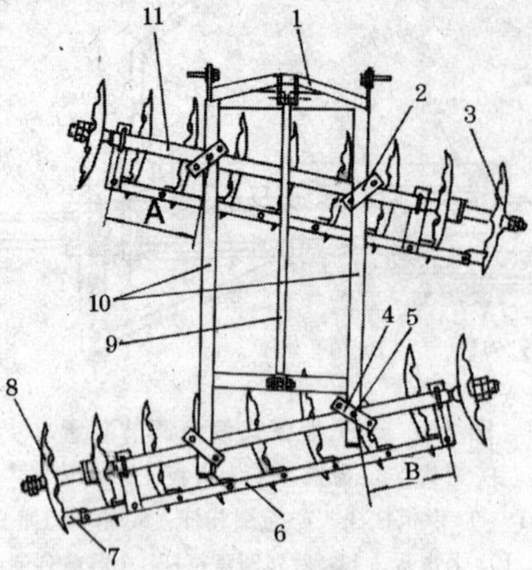

图 3-2　压板固定的偏角调节装置

1. 悬挂架　2. 压板　3. 前列附加耙片　4. 压板
5. 转轴　6. 刮泥刀架　7. 刮泥刀　8. 后列附加耙片
9. 斜撑杆　10. 纵梁　11. 耙组梁

的情况下，降下手柄可增加耙深，提起手柄可减少耙深。

(三)耙的水平调整

1. 耙的横向水平调整　为了保证耙组两边的耙深一致，耙架应保持横向水平，悬挂耙和半悬挂耙通过拖拉机悬挂机构右吊杆长度调整实现。

2. 耙的纵向水平调整　为了使前、后耙组的耙深一致，耙架应保持纵向水平。纵向水平调整，牵引耙是通过改变耙架上挂接位置的高低来调整。当前列耙深，后列耙浅时，应降低牵引装置在耙架上的挂接位置，反之，则应提高耙架上的挂接位置；悬挂耙的纵向水平调节是通过改变拖拉机悬挂机构上拉杆长度来进行的。当前列耙深，后列耙浅时，应将上拉杆调长，反之，上拉杆调短。

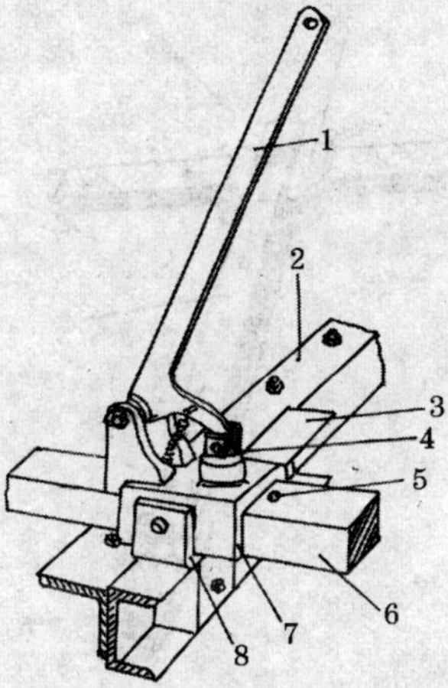

图 3-3　IBQZ-2.5 重型偏置圆盘耙的角度调节器

1. 操作手柄　2. 前耙架后梁　3. 前连接板　4. 定位销
5. 定位孔　6. 角度调节杆　7. 支架　8. 底座

(四)偏牵引调整

由于偏置耙的耙组配置不对称,作业中会出现耙架向两边偏斜、拖拉机向两边偏驶的偏牵引现象。若耙架右偏,拖拉机向左偏驶,可采用下列方法调整。反之,若耙架左偏,拖拉机向右偏驶,则采用与其相反的方法调整。

其一,适当放长拖拉机悬挂机构的上拉杆(悬挂耙),或降低牵引点的高度(牵引耙),使后列耙组的耙深适当增加。

其二,适当减小前列耙组偏角,增大后列耙组偏角。

其三,悬挂耙,可将其前后耙组同时向右横移相等的距离。牵引耙,则可将牵引杆在牵引横梁上的挂接点向左移动适当距离(图 3-6)。

(五)偏置量的调整

为了满足不同作业要求,偏置圆盘耙有时需要调节偏置

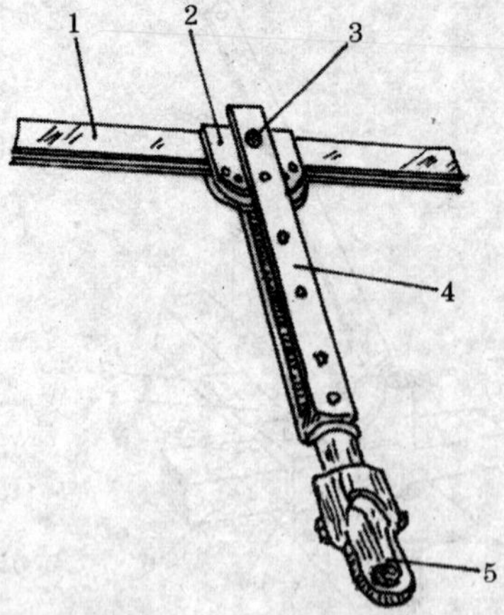

图 3-4 牵引器

1. 牵引横梁 2. 横梁调节器 3. 销轴 4. 牵引杆 5. 牵引环

量(耙中心偏离拖拉机中心的横向距离)。若需减少左偏置量时,可将前、后列耙组同时向右移动相等距离,并增加前耙组的偏角,减少后耙组偏角,反之,则相反。

(六)耙地作业的行走方法

按耙地方向相对于耕地的垡条来分,有三种基本的行走方法。

1. 顺耙 耙地方向和耕地垡条一致,机组作业中颠簸较小,耙地阻力小,但耙后地面不平坦,不易耙平垄沟,此法适于土壤疏松和较平坦的狭长地块。

2. 横耙 耙地方向和耕地垡条垂直,碎土和平整土地的效果好,但耙地阻力大,机组颠簸厉害,此法适宜横向较宽的地块。

3. 斜耙 耙地方向和耕地垡条呈一定角度,碎土、平土效果良好,机组行走也较平稳,特别适宜在大地块作业。

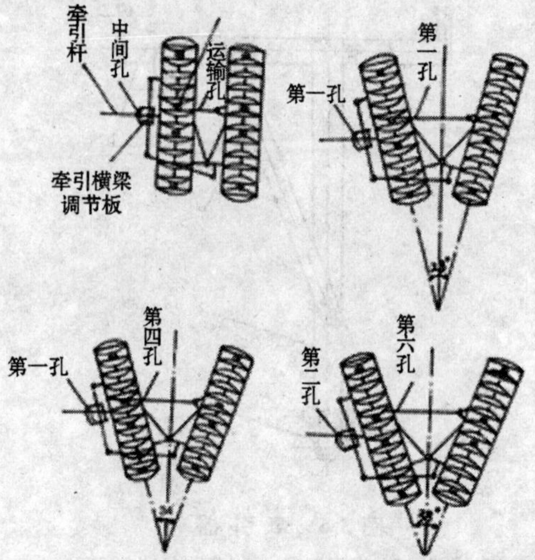

图 3-5　IBQZ-2.5 重型偏置圆盘耙的偏角调整

具体作业行走方法如下。

一是梭形耙法。机组从地块一侧进入，往返依次顺耙，最后地头横耙（图 3-7a）。

二是套耙法。地块分成等宽小区，机组从小区一侧进入，从相邻的另一小区返回，顺时针或逆时针转弯（图 3-7b）。

三是回形耙法。机组从地块一侧进入，绕圈行走，为防漏耙，在耙地结束时，对四角梭形往返耙地一次，此法适于不规则地块（图 3-7c）。

四是交叉耙法。对于近似正方形的地块，沿对角线进行二次交叉斜耙（图 3-7d）；对长方形地块，则需分成若干正方形地块，然后连起来沿各正方形对角线方向斜耙（图 3-7e），最后还需绕地边圈耙一周，将地边地角耙到，交叉耙地法的整地效果较好。

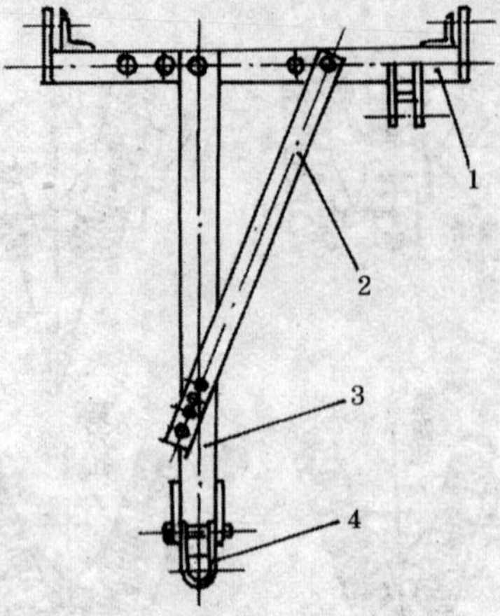

图 3-6 牵 引 器

1. 牵引横梁 2. 牵引斜梁 3. 牵引杆 4. 牵引环

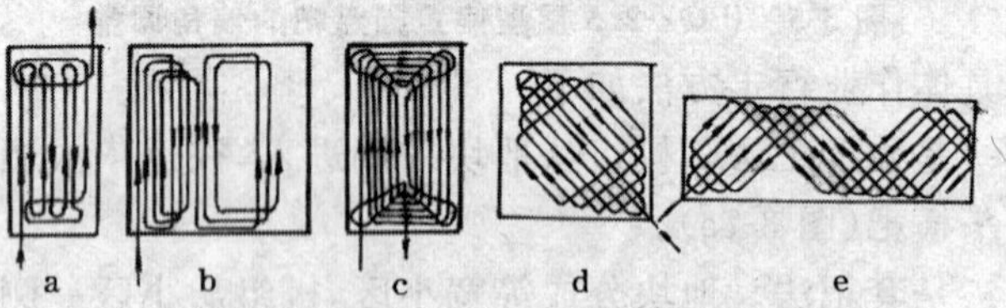

图 3-7 耙地方法

a. 梭形耙法 b. 套耙法 c. 回形耙法 d,e. 交叉耙法

(七)水田耙作业的注意事项

第一,耙地时,田里灌水要适量。过深,看不清田面,不易耙平;过浅,土块不易耙碎,影响作业质量。灌水深度一般为 5 厘米左右,灌水时间要在耙地前两天进行,使土垡浸透水,以利提高作业质量。

第二,地头转小弯,应将耙升起。

第三,第一耙要求机组走得直,以免以后行程出现漏耙或不合理的重耙。相邻两行程的重叠量一般应为 20～30 厘米。

第四，要根据地块和地形选择适宜的耙地方法。

第五，耙田边、地角时，若堆土多，宜耙深，以便将土拖走；若堆土浅，宜耙浅，以达到平整。

（八）耙地作业的安全注意事项

第一，机组作业或运输时，耙架上严禁站人或放置物品。

第二，机组作业过程中，严禁对耙进行调整和排除故障，发现故障应立即停车检修，不得强行作业。

第三，在作业中，牵引耙不许倒行，不许急转弯，其回转半径不得小于 5 米；悬挂耙在转弯和倒行时，应将耙提升起来。

第四，机组靠近田埂作业时，要防止耙片顶撞田埂，以免损坏机件。

第五，悬挂机组过田埂时，为防止翘头，可将耙降下，待后轮越过田埂后，再将耙升起。过较高田埂时，可根据情况采用倒车方法过埂。

第六，作业中，如土质黏重，不能达到要求的耙深时，悬挂耙不得通过液压升降装置强制入土，以免损坏机件。

第七，没有运输轮的牵引耙，运输时应将耙组偏角调至零度。如遇沥青、硬石或水泥路时，应装车运输。

四、耙地作业质量检查验收方法

（一）检查碎土及杂草清除情况

按耙地的农业技术要求，检查松土、碎土、剩下大土块和未被除尽的杂草情况。检查时，可在地段的对角线上选择3～5 个点，每点检查 1 平方米。

(二)耙深检查

每班检查2～3次，每次检查3～5个点。作业中检查发现的问题应及时解决。耙深测定方法有两种：一是在测点处，将土扒开，露出沟底，用耕深尺测量沟底至地面的距离，即为耙深。二是将机组停在预测点，用直尺测量耙架平面至耙片底缘的距离和耙架平面至地表的距离，两者之差即为该点耙深。

(三)检查有无漏耙

沿对角线检查，必要时应补耙。

(四)检查地表平坦情况

耙后地表不得有高埂、深沟，一般不平度不应超过10厘米。

五、耙的技术保养

(一)耙的班次保养

第一，清除粘在耙上的泥土和杂草。

第二，检查各紧固件，发现松动应拧紧，脱落的应补齐。

第三，检查各转动部件是否转动灵活，如有故障应排除。

第四，检查耙架、耙片和刮土板是否有变形和损坏，并及时修复和更换。

第五，各润滑点应加注黄油1～2次。

(二)季节保养

除完成班次保养内容外，还应做到如下保养。

第一，拆开轴承进行清洗，并检查轴承间隙，磨损严重的应更换。轴承重新装配后，应注满润滑脂。

第二，圆盘耙片、刮泥板和各螺栓外露部分应涂上废机油防锈。

第三，油漆脱落处应补漆。

第四，耙重新安装后，应放室内或干燥的地方，耙要垫高，耙片应离开地面。带有液压装置的耙，存放时液压装置应加满油，油管接头应用专门盖堵紧。长期存放时，运输轮的轮胎应拆下来，专房存放，内、外胎要分开，内胎应充气。

（三）水田耙的季节保养和保管

第一，清洗全耙，放出组件中的积水。拆开全耙，对各部件进行检查，如有变形和损坏的零部件，应修复或更换。

第二，拆下耙组和轧滚组，严格检查耙组的方轴。轧滚半轴与橡胶轴承之间的间隙，如间隙不大于 2.5 毫米，可按原状态安装继续使用；若间隙为 2.5～5 毫米，应将轴转 180°再装配；若间隙大于 5 毫米，应更换轴承。

第三，重新装配时，耙组和轧滚轴的螺纹处应涂上适量黄油，以防螺栓锈死。

第四，装配完善后，应在悬挂销和各部螺纹上涂上黄油，在轧滚和耙片上涂以废机油，以防锈蚀。要避免把油沾染到橡胶轴承和橡胶垫片上，以防变质。

第五。油漆剥落处应补漆，以防锈蚀。

第六，保养完毕，应将耙放在地势高且干燥的场地上，并用篷布覆盖。有条件的地方，最好室内保管。

第四章　镇压作业

一、农业技术要求

(一)播前镇压

因为耕地、整地与播种的时间间隔太近，土壤太疏松，且空隙太大；耕地、整地质量太差，土块较大；播后需立即灌水，为防止灌水冲走种子；为控制小粒种子播的太深等，都应进行播前镇压。

(二)播后镇压

为下墒上接，出苗整齐，防止风蚀，避免种子和幼苗被风刮出及减少水分蒸发，一般作物都应进行播后镇压。

(三)小麦压青苗

应在小麦长出第三片叶到拔节前进行。

(四)镇压后质量要求

镇压后，要求表土细碎，土壤紧实。表土 10 厘米内，土壤容重为 0.9～1.0 克/立方厘米。

(五)目测检查

不漏压，不拖堆，地面平整。

二、作业前镇压器的技术状态检查

(一)镇压轮技术状态检查

镇压轮应完整无缺，每个轮都应转动灵活。

(二)镇压器技术状态检查

镇压器轮轴转动灵活,轴与木瓦间隙不大于 3 毫米。

(三)机架技术状态检查

机架应完整无损、无裂纹,各螺栓齐全且紧固良好。

(四)轴承座技术状态检查

轴承座注油孔应有油嘴或油盅,轴承中应注满黄油。

(五)V 形镇压器技术状态检查

V 形镇压器前后 V 形环的凸起部分应错开,作业时,后列 V 形环的凸起棱背滚压在前列所形成的凸埂上。

(六)牵引拉环和牵引销技术状态检查

牵引拉环和牵引销应完整无缺。

三、操作方法及注意事项

第一,常见的作业行走方法有:梭形法、回形法、套区法和双边对角法。

第二,镇压机组不允许急转弯。

第三,垄上镇压时,不宜采取顺垄镇压。

第四,低洼地作业,在拖拉机或镇压器下陷 3 厘米以上时,禁止镇压。

第五,雨后或灌水后镇压一定要掌握土壤湿度,镇压轮粘土时,不宜进行镇压。

第六,禁止高速作业。拖拉机速度一般以 6 千米/时左右为宜,以增强镇压效果。

四、作业质量检查验收方法

第一，按农业技术要求检查验收。

第二，每班次检查 2 次，每次用对角线法检查 3～5 个点，切开剖面检查土壤上下层密结程度。

第三，目测检查地边、地头、漏压及拖堆情况。

第五章 播种作业

播种是农业生产过程中的重要一环，能否适时地把种子按一定的数量和深度播在湿土里，将直接影响作物的出苗、生长和产量。现以小麦、玉米播种介绍播种作业。

一、小麦播种

(一) 农业技术及作业质量要求

1. 选　种

(1)选用良种　采用大粒种子播种或种子分级播种。种子要清选，选后净度不低于96%。

(2)种子要进行防病、虫害的药剂处理　药剂拌种时，要严格掌握用药量(按药剂使用说明书规定剂量)，种、药混拌要均匀。拌种时，应严格控制时间和转数，一般要求：拌后，种子表面均匀布满药粉。拌种器以20～30转/分转速转动，正反各30转。经浸种或其他湿处理的种子应晒干后再拌种，先拌杀菌剂，后拌杀虫剂。

(3)播种量　实行精少量播种，播种量计算公式为：

$$Q=\frac{P\cdot G}{a\cdot b\times 10^{6}}(1+H)$$

式中：

Q——设计播种量(千克/667平方米)；

P——设计每667平方米保苗株数；

G——种子千粒重(克);

a——种子发芽率(%);

b——种子清洁率(%);

H——田间损失率(%)。

种子损伤率低,小粒种子小于0.5%,大粒种子小于1%。播量确定后,应进行场内试验和单口流量调整,正式播种前应进行田间播量校正,播种过程中经常检查播量。实际播量与设计播量之间误差不大于2%。

(4)播种深度　播种地块土壤墒情好时,镇压后的实际播种深度以2～3厘米为好,最深不超过4厘米;旱年或墒情差及跑风地块,镇压后的实际播深一般为4～5厘米,最深不得超过6厘米;矮秆和半矮秆品种覆土深度不应超过3厘米。实际播深与要求播深误差不超过±1厘米,各行之间播深误差不超过±1厘米。播种地块土壤过暄播深不易控制(容易引起超深时)应进行播前镇压。一般情况下应做到随播随压,播后镇压土壤容重不低于1克/立方厘米。

(5)提倡施种肥　种和肥分箱播施。种底播施种肥,要求肥料距种子3～5厘米;种侧播施种肥,要求种、肥的侧向距离3厘米,肥料播深5～8厘米。实际播肥量与设计播肥量偏差不得超过±5%。

种肥坚持氮磷配合。根据土壤养分测定结果,计划产量水平,土壤及肥料中的有效氮磷利用率,调整土壤中总可给态氮磷比。一般情况下氮磷比($N:P_2O_5$)为1∶0.5。

(6)质量要求　播行应笔直,在千米长度内最大弯曲度不超过20厘米。行距一致,单台播种机各行偏差不超过±1厘米;多台播种机联合编组作业时,台间邻接行距偏差不应超过±1.5厘米;机组两行程间的往复接行的行距偏差不超过±2.5厘米。

(二)播种机具技术状态

机引播种机修后和播种作业前，必须达到如下技术状态。

第一，机架不得有弯曲和扭曲，机架对边角铁应互相平行，其偏差不应大于5毫米；对角线长度偏差不应大于10毫米；主梁和开沟梁的不直度不应大于4～10毫米。

第二，牵引架不扭曲，牵引梁弯曲度不超过10毫米。牵引板不准有缺陷和扭曲，垂直调节孔单侧磨损量不应超过3毫米。

第三，行走轮转动时，轮缘不应有径向跳动和轴向摆动，其摆动量不得超过10毫米。

第四，行走轮的辐条不应有裂缝、不能转动和松动，辐条弯曲度不应大于4毫米。

第五，排种、排肥器与箱底间隙不应超过1毫米。种箱内壁光滑。

第六，排种轮应完整无损，同一排种轴上各排种轮长度应相等，误差不应超过1毫米。

第七，排种轮与阻塞轮间隙不应超过0.5毫米。

第八，各排种口种子单口流量误差不应超过±2%，排肥口单口排肥量误差不应超过±3%。

第九，播量调节杆移动灵活，空行程不得大于1毫米。

第十，开沟器圆盘表面应光滑，径向磨损量不应大于25毫米，刃口损坏不应超过3处，每处深度不应超过1.5毫米，长度不超过15毫米，刃口斜面宽度应为6～7毫米，刃口厚度不得大于0.5毫米，圆盘平面度偏差小于1.5毫米。

第十一，开沟器圆盘应转动灵活，不摆动，摆差小于3毫米。两圆盘相交处间隙小于3毫米，接触点处刃口重叠不应超过 3 毫米。

第十二，刮泥板与两侧圆盘间隙不应超过 2 毫米。

第十三，开沟器三角拉杆不应有扭曲和变形，各铰链点转动灵活，连接可靠。

第十四，开沟器升降臂不应有扭曲和变形，升降臂端部摆动量不应大于 5 毫米。同列升降臂之间距离应相等，端部距离差不应超过 5 毫米。

第十五，开沟器安装距离应相等，偏差不应超过 2.5 毫米，同列开沟器最低点应在同一平面上，偏差不应超过±2.5 毫米。

第十六，伸缩杆不歪斜和变形，弹簧弹力应相等。

第十七，排种轴和起落方轴不应弯曲和扭曲，转动灵活。起落方轴轴向游动量不超过 4 毫米。

第十八，起落操纵杆滚轮轴向磨损量不大于 6 毫米，且转动灵活。

第十九，啮合齿轮（链轮）应在同一平面，摆动偏差小于 3 毫米。

第二十，输种管不应有变形和松漏现象，用 4 千克力拉输种管，其螺旋不应有永久变形。输种管挂接耳环要可靠，起落开沟器时，输种管下端不应卡在开沟器体内或从开沟器体内脱出。

（三）田间作业操作规程

1. 机组准备

（1）播种量的计算和调整　先根据每 667 平方米播种量的要求，算出行走大轮在规定的回转圈数下，每半台播种机所播的种子量 q 及每个排种口的排种量 i。

$$q = \frac{Q \cdot B \cdot \pi D \cdot n \cdot \varepsilon}{2 \times 666.7} \cdots\cdots (i)$$

$$i = \frac{q}{h}$$

式中：Q——每 667 平方米要求播种量（千克）；

B——播种机工作幅宽（米）；

D——播种机行走轮直径（米）（机引 2BF-24A、48A）D= 1.22 米；

π—— 3.14；

n—— 行走轮回转圈数（为便于计算，选行走轮回转圈数 10.5 圈，此时播种量相当于每半台播种机 1/10×Q 的播种量）；

ε—— 滑移系数，一般取 0.8%～1.2%；

h —— 半台播种机排种口数。

东方红- 54/75 拖拉机牵引 2BF-24A 播种机时，拖拉机行驶速度与播种机行走轮转动圈数换算对照表 5-1。

表 5-1 拖拉机行驶速度与播种机行走轮转动圈数换算对照

车型	项　目	Ⅰ	Ⅱ	Ⅲ	Ⅳ	Ⅴ
东方红-75	拖拉机速度（千米/小时）	4.49	5.66	6.54	7.82	10.31
	行走轮转数（转/分）	19.5	24.6	28.4	34.0	44.8
东方红-54	拖拉机速度（千米/小时）	3.96	4.65	5.43	6.28	7.90
	行走轮转数（转/分）	17.2	20.2	23.6	27.3	34.3

（2）播种（肥）量试验操作步骤

第一步，将播种机垫起，使行走轮离开地面。

第二步，将排种舌调到统一要求位置，再将播量调节杆调至适宜位置，测量各排种轮在排种盒中长度是否一致，否则应进行调整。

第三步，将种子均匀加入种箱内，高度不低于种箱的1/4。缓慢转动行走轮 2～3 圈，使种子充满排种盒为止。

第四步，在输种管下面放接收种子的容器。

第五步，按每分钟播种机行走速度，均匀转动行走轮 10.5 圈（相当于每半台播种机 1/10×Q 的播量），分别称量各排种口排种量，均匀度误差计算公式如下。

$$Z = \frac{I_1 - I_2}{I_1} \times 100\%$$

式中：Z —— 每口排种量均匀度误差（%）；

I_1—— 单口平均排量；

I_2—— 单口实际排量。

收集各排种口排出种子并称重，按下列公式计算播种量误差。

$$Q_r = \frac{q_1 - q_2}{q_1} \times 100\%$$

式中：Q_r—— 播量误差（%）；

q_1—— 计划半台播量；

q_2—— 实际半台播量。

实际播量和计划播量超过允许误差值时，应对播种机进行调整（一般只调节槽轮工作长度），直到符合要求为止。

以上方法亦适用于施肥量的试验和校正。

（3）播种量田间校正　播种机经过播量试验和校正后，

还需要到田间试播，并进行校正。先在种子箱中加入不少于容积 1/4 的种子并将表面刮平，在种子与种箱四壁接触处做出标记，按下式计算出播种机在田间作业一个单行程的播量（或一个往复行程播量）。

$$Q' = \frac{Q \cdot B \cdot L}{10^4}$$

式中：Q' —— 一个单行程播量（千克）；

Q —— 每 667 平方米播量（千克/667 平方米）；

B —— 工作幅宽（米）；

L —— 一个单行程距离（往复行程播量为 $L\times2$）

然后将计算出的播量种子称好加入种箱中并刮平，播完一个单程或一往复后，观察种子表面是否与箱内所作标记相符。低于或高于标记时，应重新按上述方法试验，直至合乎要求为止。

检查米间落粒，校正播种量也是一种行之有效的方法。顺垄 1 米长拨开表土（或在作业中提起输种管，使种子落在地表面一段长度），检查米间落粒，其数量应与理论计算相等。

$$Z = \frac{15Qm}{\delta}$$

式中：Z —— 米间落粒数；

Q —— 每 667 平方米播量（千克/667 平方米）；

m —— 行距（厘米）；

δ —— 种子千粒重（克）。

计算时要求单位与上述相同，直接代入公式计算即可。

播量校正后，固定播量调节杆，量出一个排种轮工作长度，作为标准，在作业中定期检查标准排种轮工作长度和核对已播面积和种子数量，看播种量是否正确。

(4) 机组编制　应根据现有拖拉机功率和每台播种机实际工作中的最大牵引阻力，计算出应配置播种机的台数。为充分利用拖拉机功率，地块大而连片时应尽可能采用多台播种机联合编组作业，地块小而分散、道路规划不好时，一般只宜单台作业，为了发挥拖拉机的功率，可进行复式作业编组。

牵引两台以上播种机作业，需要使用连接器。连接播种机时，应使整个播种机组的中心线与拖拉机的中心线对准。多台播种机编组时相邻端应安装长度可调硬连接杆，以保证播种机行驶的直线性和台间邻接行距的准确性、稳定性。

牵引播种机多台编组一般连接方法如图 5-1。

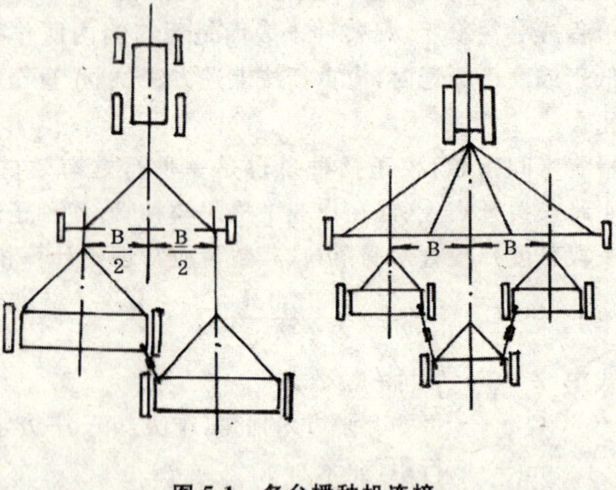

图 5-1　多台播种机连接

(5) 划印器长度的确定　播种机组进行作业时，应安装划印器，以保证往复结合处行距的准确一致和行驶的直线性。划印器的长度与播种机连接台数、播种方法（梭式、向心式、离心式等）、驾驶员对印目标等有关。用轮式拖拉机连接单台播种机，采用梭式播法，用右前轮中心对印时（图 5-2），划印器计算长度为：

$$L_{右} = B - \frac{l}{2}$$

$$L_{左} = B + \frac{l}{2}$$

式中：B —— 播种要幅宽；

l —— 拖拉机前轮中心距。

在采用多台播种机联合作业，以梭式播法工作时，划印器长度的计算公式为：

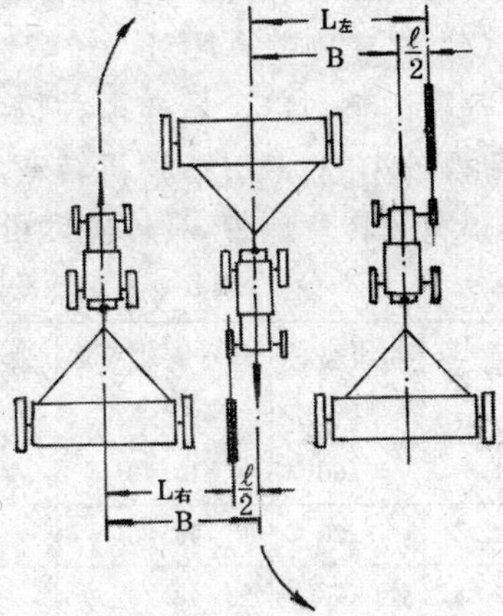

图 5-2　划印器臂长计算

$$l_{右} = \frac{(n+1)B - l}{2}$$

$$l_{左} = \frac{(n+1)B + l}{2}$$

式中：n —— 播种机台数。

划印器长度 l 从最外侧播种机的中心算起。

另外，要在拖拉机与播种机之间设有可靠的安全信号，以便于驾驶员与播种机手之间的联系。

2. 田间准备

(1) 清除影响播种作业的障碍物　清理容易造成开沟器堵塞的所有杂物。

(2) 确定播种方向　播种方向一般应与播前整地方向呈30°以上的夹角。以利明确辨认划印器的划印痕迹和种子覆土。斜坡地沿等高线作业。

(3) 机组作业行走方法　常用的行走方法为梭形法，除此还有向心法、离心法和多区套播法。

(4) 转弯地带的区划　转弯地带的宽度应为所用播种机工作幅宽的整数倍。悬挂播种机，在不影响机组转弯的情况下，留得较小些；牵引播种机转弯半径较大，一般留出 4 倍于工作幅宽的转弯地带，具体宽度可参看表 5-2。

表 5-2 机组地头转弯宽度

编组台数	机组幅宽（米）	转弯地带宽度（米）	地块纵边线与机组第一行程线间距离（米）
1	3.60	14.40	1.80
2	7.20	28.80	3.60
3	10.80	43.20	5.40

(5) 开沟器起落线的划定　划开沟器起落线的目的是防止地头漏播和重播。一般采用三线起落。以地头线为中线，起线至中线的距离为 1.3 米，落线至中线的距离为 2.2 米，起线至落线的距离为 3.5 米。

3. 播种作业中的注意事项

第一，种子必须清洁，严禁其他杂物混入。种子箱内种子量不少于种箱容积的 1/5。

第二，根据地块长度、机组工作幅宽，算出每一个往复的播种量（播肥量），实行种子（肥料）定量装袋（视机手体力而定，一般不超过 50 千克）。定量定点加种（肥），及时检查播种（肥）量是否符合要求。加种（肥）时，不漏不撒。

第三，播种机工作时，农具手应经常观察播种机各部工作是否正常，特别是排种器是否排种；下种口有无堵塞；输种

（肥）管是否堵塞，是否插入导种（肥）管内；开沟器是否缠草、粘土、壅土；肥料是否架空；种子是否足够；划印器、覆土器是否正常；行距是否符合要求等。

第四，播种时要恒速作业，中途不停车，如需停车时，再起步前，应在开沟器前 1 米范围内撒些种子，以防再起步时漏播。

第五，播种机在工作状态时，拖拉机不准倒退，不准急转弯。地头转弯时，应将开沟器和划印器及时升起，并低速行驶。悬挂播种机地头转弯时，农具手不要站在脚踏板上，播种机应升起。转弯后，应在拖拉机前进中落下播种机。

第六，更换播种的品种时，必须彻底清扫种子箱、排种器及其他一切可能积存种子的部位。播种结束后，也应彻底清理种箱、肥箱。

第七，班次作业结束后，应根据播种面积和已播种子（肥料）量，核对播种（肥）量是否符合要求。

第八，驾驶员和播种机手之间要有统一的可靠的联系信号。夜间作业，应有良好的照明设备。

（四）作业质量检查验收方法

要特别重视开始播种的 1～2 行程内的全面质量检查，发现问题应及时解决，以免造成不可挽回的损失。正常作业时，每班至少要检查 5～6 次。更换品种，要重复质量检查。

1. 播深检查　按地块对角线方向选点（不少于 10 个点），求其平均值，与规定播深相差不超过 1 厘米。

2. 检查行距是否一致　要求单台内两相邻行距的误差不超过±1 厘米；两台播种机之间相邻行距的误差不超过±1.5 厘米；机组往复行程的邻接行距误差不超过±2.5 厘米。

3. 播量检查　播量检查可采用下列方法。

(1)定量加种(肥)法　此法可随时校验播量是否符合设计要求,利于及时发现问题及时调整。

(2)地块核对法　每播完一个地块后,根据地块的实际面积和实际播种(肥)量,计算出每667平方米的实际播种(肥)量。代入下式,求出播种(肥)量误差。

$$y = \frac{Q - Q'}{Q} \times 100\%$$

式中:y —— 播种(肥)量误差(%);

Q —— 计划播种(肥)量(千克/667平方米);

Q′—— 实际播种(肥)量(千克/667平方米)。

(3)米间落粒法　同田间作业操作规程。

4. 播行直线度检查　用测绳沿播种机行走轮印中心线拉直,测量左右偏差,要求在50米长度内,最大弯曲度不大于5厘米。

5. 土壤容重检查　镇压后土壤容重可用常规法测得,检查5点求平均值,其数值应符合农业技术要求。

6. 目测法检查　用目测法检查种子覆土情况和有无漏播或重播。

7. 出苗后的检查　如发现缺苗应及时补种。出苗后的检查是对作业质量评定最直观、最有力的依据,它可反映出种子优劣,机具修理、安装、调整质量和机手田间作业技术水平等问题,有利于总结经验,发现问题,对不断提高田间作业水平有着积极作用。

(五) 播种机的保养、保管和安全操作规程

1. 播种机的保养　作业期间每班与拖拉机班次保养同时进行,主要内容如下。

第一,清扫外部泥土和缠草。

第二，检查各部位的紧固螺栓，发现松动，及时拧紧。

第三，检查开沟器有无摆动，间距是否一致，圆盘转动是否灵活，必要时调整。

第四，检查伸缩杆有无弯曲及弹簧压力是否一致。

第五，检查排种、排肥装置转动是否灵活，有无串动和卡种现象。

第六，检查种箱、肥箱内是否清洁，有无杂物。

第七，检查传动机构的工作是否正确可靠。

第八，检查覆土镇压装置是否完整，工作是否合乎要求。

第九，检查输种管有无变形。

第十，按时对润滑点注油，保证充分润滑。

2. 播种机的保管

第一，彻底清除播种机各部的泥土和脏物。

第二，圆盘开沟器应全部拆开，清洗轴承和圆盘毂，涂黄油后再装好，圆盘如有变形或损坏，应进行修复，必要时更换新品。

第三，与土壤接触的工作部件（如开沟器、覆土器、筑埂器等），螺栓螺母和调整部位，清洗干净后，涂上黄油或废机油，以防生锈。

第四，种（肥）箱和排种（肥）器内的种子（肥）料要清理干净。用清水彻底清洗肥箱和排肥器，然后擦干。

第五，输种管和输肥管应取下，清理干净后室内上架保管，勿使变形。

第六，放松各压缩弹簧，使之保持自由状态。

第七，清洗各摩擦表面和转动装置，并进行必要的润滑。

第八，机器脱漆的地方应补漆、肥箱内刷防锈漆。损坏和磨损的零件应更换和修复。

第九，播种机应存放在干燥、通风的库房或带盖的棚内，不要露天停放。播种机应停放在平坦地面上，机架应支撑牢固，开沟器、覆土器、筑埂器等均应用木板垫起，不与土地直接接触。备品、零件及工具应入库保管。

第十，做好技术记录和检修准备。

3. 安全操作规程

第一，拖拉机手和农具手必须了解机具的结构、安装、调整和操作方法，否则不得参加作业。

第二，拖拉机手和农具手必须商定联络信号，拖拉机手要严格按规定的信号开车、停车和升降农具。

第三，严禁在作业中对各部件进行调整、修理和润滑。

第四，机组运行时，农具手应坐在座位上或站在踏板上，禁止坐或站在种箱、机架或连接器上，不要随意跳上跳下。悬挂播种机在地头提升和转弯时，农具手不得站在机具上。机组运输中，播种机上不得站人。

第五，划印器不工作时，要直立起来，并要锁牢靠，防止落下伤人。

第六，悬挂播种机悬起后，严禁在机具下面检修。必须这样做时，要用锁定装置将机具锁定。

第七，施化肥或农药时，要注意劳动保护，机组人员应戴风镜和口罩，饮食前应用肥皂洗手。女同志的辫子要扎好并戴上工作帽。

第八，对播种机进行润滑和修理时，要先将开沟器放下，以免发生意外。

第九，播种镇压复式机组作业，农具手必须十分注意，防止被镇压器压伤，加种时必须停车。

第十，作业进行中，不准用手直接清洁或接近开沟器和排种机构，必要时可用木制工具或木棒进行。

二、玉米播种

（一）农业技术及作业质量要求

1. 适时播种 适时播种是不需要任何额外物资投入，就能取得高产的一项重要措施，必须认真做好。

2. 播深一致 适时早播，墒情好及小粒种子，播深一般为4～5厘米；播种晚、墒情差及大粒种子，播深为6～7厘米。要求种子播在湿土上，土壤干旱时，可深开沟浅覆土。播深误差不大于±1厘米。

3. 种子要清选 选后净度要在96%以上。播种时，种子要进行防黑粉病和地下害虫的药物处理（拌种）。

4. 精量点播时 种子整齐度和发芽率均应在98%以上。缺穴率不超过1%。

5. 等穴播种时 要求行距、穴距一致，行距误差不大于±2厘米，穴距误差不大于±2厘米，缺穴率不超过1%，每穴播种3～4粒。

6. 条播 要求下种均匀，播深一致，播行要直，不漏种，每667平方米播量误差不超过±2%，行与行播量误差不超过±3%，行距误差不大于±2厘米，往复邻接行距误差不大于±5厘米。

7. 播量计算

（1）条播播量计算公式

$$Q = \frac{P \cdot G}{a \cdot b \times 10^5}(1 + H)$$

式中：Q = 每667平方米播量（千克/667平方米）；

P —— 每 667 平方米保苗株数；

G —— 百粒重（克）；

a —— 发芽率（%）；

b —— 净度（%）；

H —— 田间损失率（%）。

田间损失率一般按 10%计算。

(2) 穴播时播量计算公式

$$Q = \frac{Z \cdot Z_1 \cdot G}{a \cdot b \times 10^5}$$

式中：Q ——每 667 平方米播量（千克/667 平方米）；

Z —— 每 667 平方米穴数；

Z_1—— 每穴粒数（按大数算）；

G —— 百粒重（克）；

a —— 发芽率（%）；

b —— 净度（%）。

$$Z = \frac{666.7}{m \cdot n'} \times 10^4$$

式中：m —— 行距（厘米）；

n′ —— 穴距（厘米）。

(二) 播种机具技术状态

玉米精量点播机具种类较多，现以 2BZ-4/6 播种中耕通用机为例，作业前必须对机具各部进行全面仔细的检查、调整，使机具达到完好的技术状态。具体要求如下。

第一，玉米排种盘有三种玉米穴播盘和两种玉米单粒点播盘，按玉米种子尺寸选取。

第二，隔板开口应与排种底座开口重合（排种口），用定位销定位，严防工作时隔板移动。

第三，排种盘与底座的间隙最大不得超过 0.5 毫米。

第四，排种器在底座上安装要牢固，排种器体与排种盘的间隙为 0.5 毫米。刮种舌在排种器体内上下运动应灵活无阻卡。一般要求刮种舌与排种器体侧壁间隙为 0.1 毫米，刮种舌弹簧紧度要合适，使刮种舌刚好与排种盘表面接触，但不得有摩擦。

第五，投种轮转动要灵活，扭力弹簧弹力应合乎要求。保证投种轮在盘面上能轻松转动，而不得与盘面摩擦。保证投种轮的锥齿能投击在播盘的每一个种槽内，落进型孔 5 毫米左右。

第六，大小锥齿轮中心线应相互垂直，啮合间隙适当，转动平稳。

(三) 田间作业操作规程

1. 作业前的准备 作业前的准备工作，即播量试验、划印器计算、机具编组和田间准备等同小麦播种。

2. 机具调整

(1) 行距调整 以机架中心线为基准，按设计行距要求，依次对称配置播种工作单体。然后测量相邻开沟器间的横向距离是否符合要求。

(2) 播深调整 依照农业技术要求，通过深浅调整机构调整所需播深。若仍不能达到要求，应调整机架高度。

(3) 机架调整 水平调整是通过改变中央拉杆长度和左右吊杆的高度来实现的；机架高低调整，通过上下串动地轮实现。

(4) 覆土深度调节 通过覆土板上的调节安装孔进行。

3. 田间作业操作方法

(1) 操作方法 同小麦播种。

（2）作业方法　考虑今后的中耕管理，一般采用梭式播法。

（3）在第一个往复工作行程中加强检查　详细检查穴距、行距、播深、成穴性、种子损伤和沟底平整等情况，并检查覆土深度是否符合要求，否则应认真调整，直至标准。

（4）机组运行速度　要求在5～6千米/时范围内（气吸式或气压式精量点播适当提高）。地头转弯时要降低速度，不允许机组在开沟器、划印器未抬起时转弯或后退。

（5）作业中　播种机应在行进中起落，防止开沟器堵塞造成漏播及损坏部件。

（6）机组在作业中应恒速作业　中间不准停车，必须停车时，应将播种机升起，后退一定距离再继续播种。

（7）播种作业中应盖好所有的箱盖　严禁把种箱上的漏种板打开。种筒内的种子数量不应少于2/3。

（四）作业质量检查验收方法

1. 播种深度和播行直线度检查　方法同小麦播种。

2. 播量检查　每班次沿对角线检查4～5点，每点两行，检查20穴。检查每穴粒数，缺穴数和穴距是否与规定相符，并计算实际播种量。

3. 均匀度检查　条播玉米在作业中，将输种管从开沟器体中抽出，抬起覆土部件，检查10米内种子分布均匀度。

第六章　中耕除草作业

一、中耕除草作业农业技术要求

第一，消灭杂草，疏松表土，保持水分，提高地温。

第二，中耕深度应达到农业技术要求的规定标准。

第三，封闭除草时，松土深度应一致，地表起伏不平度不应超过 3～4 厘米。

第四，作业中不除苗、不伤苗、不压苗。

第五，中耕施肥时，深度要达到要求，肥料要分布均匀，覆盖严密。

第六，中耕培土高度，应达到农业技术要求的规定标准。

二、中耕机具的技术状态

第一，机架对角线长度之差不应超过 8 毫米。

第二，短梁的弯曲度不应超过 3 毫米，长梁不应超过 5 毫米。

第三，行走轮的轴向晃动量不应超过 2 毫米，轮缘的径向和轴向摆差不应超过 8 毫米。

第四，舵轮左右摆差不应超过 15～20 毫米。齿轮和齿条啮合时，齿顶与齿根的间隙不应超过 2 毫米。

第五，方轴在轴承内转动应灵活无阻卡现象。

第六，操纵杆在方轴上固定不应有摆动现象，操纵杆在扇形齿板上应能灵活移动,并能可靠的固定在任一扇形齿上。

第七,扇形齿板和锁销之间的间隙不超过 2 毫米。

第八,各升降臂应位于同一水平面内,其顶端的偏差不应超过 5 毫米。

第九,起落机构的弹簧应有足够的拉力。

第十,锄铲刃口锋利,刃口厚度不大于 0.5 毫米。

三、田间作业操作规程

(一) 田间准备

清除影响中耕机作业的障碍物,不能清除的,应做出明显标记。

(二) 机组运行方向

条播作物的中耕除草,应按播种方向进行;全面封闭除草时,应当与耕翻方向或上次中耕方向垂直进行。当地块的宽度小于 300 米时,应当进行纵向中耕。

(三) 机组转弯地带的区划

行间中耕时,转弯地带与播种相同;全面封闭除草时,如机组由 3 台或 3 台以上的中耕机组成,转弯地带的宽度为机组幅宽的 2 倍,如由 1~2 台中耕机组成,则为 3 倍。

(四) 使用调整

1. 确定中耕机所耕行数 如为偶数,则从中耕机的中心线向左右各量行距的一半,即为苗带中心,以后按行距依次向左右量取。如行数为奇数,则中耕机的中心线即为苗带中心线,再向左右按行距依次量取,划出苗带即可。

2. 根据行距和行数确定中耕机轮距 当行数为偶数时,

轮距一般为行距的 4～6 倍；当行数为奇数时，轮距为行距的 3～5 倍。

3. 锄铲选择 除草可选择单翼铲或双翼铲；培土追肥选用培土铲和追肥刀。

4. 锄铲配置 按不同的农业技术要求进行。护苗带宽度依中耕除草的次数而定。第一次为 7～10 厘米，第二次为 10～12 厘米，第三次为 12～14 厘米。

5. 锄铲安装 将中耕机放在水泥平台上，在安装板上划出锄铲安装位置，然后将木块放在中耕机轮下，木块厚度等于中耕深度加上安装板厚度减去轮子下陷量(一般为 2～3 厘米)。使机架处于水平状态，工作机构处于工作状态，起落闸杆放在扇形齿板中间位置。锄铲对准安装板水平放在三角梁下，松软土地，整个锄铲刃部应与支持面接触；坚硬土地，锄铲后端可高于前端 10 毫米，锄铲重复度为 5～7 厘米。

6. 划出标记 在固定起落杆齿板上划出耕深标记，并在锄齿的铲柄上也做出耕深的记号。

四、作业质量检查验收方法

(一)中耕深度检查

中耕深度应在机组整个幅宽的每个行间进行检查，每班检查 2～3 次，每次沿地段长度选 2～3 个点。将相邻垄沟扒平，用尺插入垄沟硬底进行测量，使其平均深度与规定深度相差不应超过 1 厘米。

(二)中耕层底部平整性检查

在已耕地上取 1～2 个点，沿中耕机整个幅宽刨开松土，将尺子放入底部进行测量，其高低差不超过 2 厘米。

(三)锄草效果检查

在已耕地的对角线上取3个点,每点为1平方米,凡锄齿通过的地方,杂草都应被锄掉除尽,不应有偏漏现象。

(四)伤苗和压苗检查

在已耕地的对角线上取3个点,每点1平方米,凡锄齿通过的地方或趟起的土壤,不应有伤苗和压苗现象。

(五)地面平整性检查

在地段长度内检查3处,用平尺在机组整个工作幅宽上测量,地面土沟的最大深度不超过3~4厘米。

第七章　喷雾作业

一、农业技术要求

第一，掌握有利时机，适时喷雾。

第二，掌握药剂性能，对症施药。

第三，根据不同作物、不同生长时期和不同处理方法，严格控制药剂的用量。

第四，喷量准确、喷洒均匀，不漏喷，不后滴。

二、喷雾机械的准备

第一，各连接部位要牢固可靠、清洁，密封良好。

第二，喷药泵要转动灵活，在额定转速下，压力稳定，符合要求。

第三，各喷嘴要在同一水平线上，喷嘴的距离和喷杆的高度要满足一定喷洒重叠度的要求。

第四，各喷嘴的喷量要均匀一致，其误差不得超过±5％。

第五，过滤器和搅拌器工作可靠。

第六，接触药剂的物件，要有良好的耐腐蚀性和耐磨性。

第七，电动式超低量喷雾器的电流要充足，电压要稳定，电器设备工作可靠。

第八，作业前，要对机械各部进行全面保养、检查和调整，使之达到作业状态。

(一)喷嘴流量的测定

备秒表1只，量杯1个，容器数个，将机车和喷雾机停放在平坦地上，药罐装满水，起动泵，将压力调到所需值后进行喷洒。待喷嘴喷洒正常后，分别测量每一喷嘴每分钟的喷量计算其误差，如超过许可值，则应更换喷嘴重试，直至达到规定范围为止。

(二)喷液量的确定

喷液量的多少应根据药剂的种类和施用方法来定。化学除草剂做土壤处理时，喷液量一般为14～34升/667平方米。叶面处理时，内吸传导型除草剂的喷药量为7～10升/667平方米。触杀型的用量为14～34升/667平方米。杀虫剂低容量喷雾用量为7～10升/667平方米。

喷液量的计算公式如下。

$$Q = \frac{q \times I}{b \times v} \times 40$$

Q —— 每667平方米喷液量(升/667平方米)；

q —— 每一喷嘴喷量(升/分)；

I —— 喷嘴数；

b —— 喷幅(米)；

v —— 作业速度(千米/时)。

按上式根据每667平方米所需喷液量，选择喷嘴和作业速度。

(三)药剂的配制

1. 常规喷雾药剂的配制 ①配药要用清洁的软水。②可湿性粉剂和乳剂要先配制母液。即在配药桶内加入少量水，边搅拌边加药，待药剂与水混拌均匀后，再加水，然后再边搅拌边加药，这样反复多次配制成适量的混拌均匀的母液。切不可一次加药过多，以防搅拌不匀。③ 药罐中加入一半清水将配制的母液加入其中，再加一定数量的水，并搅拌均匀。④ 可湿性粉剂与乳剂混用时，可在两个容器内分别配制母液，或在一个容器内先配制好可湿性粉剂的母液，再加入乳剂，搅拌均匀后加入药罐。⑤ 对黏着力和展散性不好的药剂，配制时可加入适量辅助剂，以提高药效。

2. 超低容量喷雾对药剂的特殊要求 ① 药剂的剂型必须是油剂或乳剂，不易挥发。② 药剂必须是均匀流动的液体，比重要大于1。③ 药剂要有一定的黏度和表面张力。④ 药剂对人、畜的毒害要小，禁止使用剧毒药剂。⑤ 使用前应做好不同品种、不同生长期的作物所用不同剂量的药害试验。⑥ 药液一定要经过严格的过滤。

（四）作业前的试喷

喷雾机各部安装调整完后，即可用清洁的水试喷。试喷中要进行下列检查：

1. 在额定转速下，喷药泵的压力是否符合要求（在额定转速下，压力值稳定在3～4千克/平方厘米）。

2. 药罐与各管道、接头、开关等处有无渗漏现象。

3. 检查各喷头的流量、射程、喷洒均匀性和雾化情况是否符合要求，停喷时是否有后滴现象。

4. 检查搅拌装置和加液设备工作是否正常。

三、喷雾机的作业

第一，正式喷洒前，要选择具有代表性的地段进行喷雾试验，用以检查药剂的灭草、杀虫及对作物的药害等情况。

第二，搞好田间区划。地头留枕地线，并做好标记，为避免重漏，每一作业行程均要按喷幅大小插好堑旗，或配带划印器。

第三，机车作业行走方向应与风向垂直或呈一定角度（先从下风头开始）。

第四，机车要恒速作业，无特殊情况中途不要停车。

第五，作业时应先启动药液泵，然后打开送液开关进行喷洒，停车时应先关闭开关，后切断动力。药罐内的药液接近喷完时，应切断搅拌回液管路，避免因回流搅拌造成喷嘴喷量不足。

第六，为保证喷量准确，要做到精确丈量土地。药液的添加和喷洒，要做到定点定量，反复核对，地块结清。

第七，每班作业结束时，要用清水彻底清洗药箱和管路。喷雾作业全部结束后，要用碱水清洗各部，并涂油加以保护。

第八，超低量喷雾作业时，应先使转盘转动后，再开始供药，停喷时则相反。以免电机超载或产生后滴现象。

四、注意事项

一是注意随时检查喷雾质量，作业结束后，及时检查灭草、杀虫效果和对作物的药害情况，即双子叶杂草杀草率不低于 90%，伤苗率不高于 5%，漏喷面积不超过 3%。

二是对相邻作物和林带能产生药害时，要留出安全地带，上风头留 5～10 米，下风头留 30～50 米。

三是操作人员须戴防毒用具，作业中不准饮食和吸烟。作业后手、脸要用肥皂清洗。喷过剧毒药剂的地块，要做出醒目标记，以防人畜中毒。

四是喷雾作业要根据天情、地情、苗情、草情和虫情选择有利时机进行。原则是治早、治小。风速超过 3 级以上时，应停止作业。喷洒农药或根外追肥，作业 4 小时内遇雨时应重喷。

五是药液要随配随用，配好的药液要注意保管，不要随意乱放。更换不同药液时，喷雾机必须进行彻底清洗。清洗的残液不要乱倒，以防污染。

第八章　收获作业

一、小麦收获的农业技术及作业质量要求

小麦收获的方法有两种，即分段收获和联合收获(直接收获)。收获方法不同，农业技术及其质量标准也不相同。

(一) 分段收获

1. 收割适期　收获适期(割晒)为蜡熟中期至蜡熟末期。此间，千粒重最高，品质最好。提前或错后收割都影响产量和籽粒品质(表 8-1)。

表 8-1　不同割晒时期对小麦千粒重和生命力的影响

成熟度	晾晒天数	千粒重(克)	千粒重相当于蜡熟中期(%)	生命力(%)
乳熟初期	4	19.8	61.5	—
乳熟中期	4	25.0	77.6	—
乳熟末期	4	29.1	90.4	94.5
蜡熟初期	3	32.0	99.4	97.0
蜡熟中期	3	32.2	100	98.5
蜡熟末期	3	32.1	99.7	97.5
完熟期	—	32	99.4	97.0

2. 割茬高度　割茬高度以 15～18 厘米为宜，最高不超过 22 厘米。割茬高度要保持稳定一致。

3. 放铺厚度、宽度、角度　视以后的脱谷方式和所用的

机具而定。① 用联合收获机拾禾脱粒的放铺厚度一般为10～12 厘米为宜;放铺宽度一般在 90 厘米左右,最宽不应超过 1.5 米;放铺角度与前进方向呈 25°～45°为宜,铺子放成鱼鳞铺为最好。② 对用机械割晒,人工打捆拉回场院脱粒的作业方法,对铺厚、铺宽都无严格要求,只要求铺子整齐不乱,放铺角度最好与前进方向呈 90°,以利人工打捆。

4. 质量要求 割速不限,只要求放铺整齐、均匀、不断条、不漏割、不丢穗、不掉粒,不允许麦铺放在行走轮、链轨板压过的地方,穗头不得触地。割晒铺行笔直,行距相等,地头整齐。割晒损失率不超过 0.5%。

另外株高低于 60 厘米,密度小、行距大,容易造成漏铺、塌铺时,不能进行分段收获。

(二) 联合收获(直接收获)

1. 收获适期 收获适期为完熟初期至末期。

2. 割茬高度 割茬高度根据品种、密度而定,一般为15～25 厘米为宜。

3. 收获综合损失率 收割、脱粒、分离的综合损失率不超过 2%,破碎率不超过 1%,清洁率不低于 95%。

二、收获机械技术状态

(一) 割晒机技术状态

第一,拨禾轮状态完好,转动灵活,无碰撞卡滞现象。

第二,刀杆不应有弯曲和扭曲变形。

第三,割刀移动灵活。曲柄在两死点时,活动刀片与固定刀片中心线应重合,偏差不大于 3 毫米。

第四,活动刀片与固定刀片前端间隙小于 0.3 毫米,后端间隙为 0.5～1 毫米。

第五，活动刀片和固定刀片的铆合应牢固，并保持完整锋利。

第六，护刃器不应弯曲、损坏，所有护刃器尖端应在同一水平面上，偏差不大于 3 毫米。

第七，输送带应转动灵活，调整可靠。

第八，传动装置灵活，各轮摆差小于 5 毫米。

第九，割台升降灵活，工作可靠。

第十，安全装置完整可靠。

（二）东风 ZKB-5 型联合收割机技术状态

第一，拾禾器运转灵活，弹齿在同一平面内偏差不应大于 5 毫米。

第二，收割台下降到最低位置时，拾禾器弹齿应和地平面接触，偏差不应大于 10 毫米。

第三，割刀在运动时，要求连接夹板对割刀前后偏差一样，以减轻刀头导向套的磨损。连接夹板的松紧度应适宜，即使球头既无明显间隙，又不夹死为宜。

第四，所有护刃器上的定刀片应在同一平面内，偏差不应超过 0.5 毫米。

第五，动刀片与定刀片应贴合，前端最大间隙不应大于 0.5 毫米，后端间隙不应大于 1.5 毫米。动刀片与压刃器之间应有间隙，但不应超过 0.5 毫米。

第六，当刀片处于极端位置时（止点），所有动刀片中心线与相应护刃器定刀片中心线应相重合，偏差不应大于 3 毫米。

第七，割台后壁上的挡板与搅龙叶片之间间隙不应大于 10 毫米。

第八，绞龙叶片与割台底面间隙为 6～35 毫米。收获厚密作物时，间隙调大；收获稀矮作物时，间隙调小。绞龙叶片与割台两侧面间隙要调一致。

第九，伸缩拨指与割台底面间隙一般为10～15毫米（最小间隙不应小于6毫米）。收获稀矮作物时，应使拨指在前下方位置时伸出最长。

第十，割台绞龙安全离合器的安全扭矩为10千克·米。

第十一，倾斜输送器链耙齿板与底面间隙（在被动轴下面的间隙）为15～20毫米。

第十二，喂入链耙松紧度以从中部提起20～30毫米为宜。

第十三，倾斜输送器安全离合器，安全扭矩为10千克·米。

第十四，脱粒滚筒纹杆分左、右纹路两种纹杆，装配时一定要注意一左一右装配（相邻两根纹杆的纹路方向应相反）。装好后，滚筒必须进行静平衡（有条件做动平衡最好）。

第十五，滚筒转速调整通过对滚筒轴上变速皮带轮和前中间轴变速皮带轮互相对换使用进行，滚筒装大直径皮带轮，中间轴装小直径皮带轮，转速调整范围为400～750转/分，收割大豆时用；若滚筒装小直径皮带轮，中间轴装大直径轮，转速调整范围为800～1 335转/分，收小麦时用。

第十六，脱粒间隙（滚筒纹杆与凹板条间隙）入口间隙为14～24毫米，出口间隙为2～14毫米。

第十七，逐稿轮应完好无损。逐稿轮叶板尖端与下栅条间隙为30毫米。

第十八，键箱逐稿器与机器侧壁间隙不应小于5毫米，两相邻键箱间隙不应小于2毫米，木轴承间隙为0.5～1毫米。

第十九，鱼鳞筛片倾角一致，调整灵活可靠，筛片开度调节范围为 0°～45°。

第二十，风扇叶片歪曲小于 5 毫米，与两壁间隙大于 5 毫米，保持平衡。

第二十一，籽粒和杂余螺旋推运器转动灵活，工作可靠，推运器叶片与壳体间的间隙不应小于 5 毫米。螺旋推运器安全离合器扭矩为 4.5 千克·米。

第二十二，各种刮板升运器链条紧度为用手搬动刮板，如能从链条垂直位置向前、后各搬动 30°为合适。

第二十三，卸粮绞龙操纵杆正确调到拉杆的“接通”位置时，应使卸粮离合器完全接合。当拉杆搬到“断开”位置时，离合器应迅速彻底分离，此时主动齿和被动齿齿尖的间隙不应小于 3 毫米。

第二十四，卸粮绞龙摩擦式安全离合器传动扭矩为 10～12 千克·米。

第二十五，卸粮绞龙调整板（闸口）一般开度为 80～100 毫米。

第二十六，行走离合器间隙为 1～1.5 厘米，踏板自由行程为 20～25 毫米。制动器踏板的自由行程为 15～20 毫米。操向轮前束为 0～1 毫米。

第二十七，行走皮带的张紧度用 4 千克力压皮带中部，其下垂度应为 10～15 毫米。

第二十八，无级变速器油缸推杆挡块在上、下两个极限位置时，距离各为 1～1.5 毫米。

第二十九，操向轮锥形轴承（7606，7609）间隙应为 0.1～0.3 毫米。

第三十，方向盘自由转角为 15°。

第三十一，液压系统操纵灵活、准确，机构可靠，无漏油现象。

第三十二，各传动轮面与轴垂直，偏斜量小于 3 毫米。

第三十三，各传动轴无弯曲，轴头摆差不大于 1 毫米。

第三十四，发动机技术状态完好。

第三十五，电气系统完好可靠，照明信号齐全。

三、田间作业操作规程

（一）收获前的准备

第一，做好田间作物成熟情况调查，编制收获顺序及时间。修好通往晒谷场的道路、桥涵。

第二，做好收获区的划分：① 小区应呈长方形，长宽比应为 4～7∶1，最小为 3∶1。② 小区长边应与耕地方向一致。③ 收获倒伏作物时，小区长边应与倒伏方向垂直或呈 45°角。

第三，大地块作业，收获前应先打割道（边割道和 V 型道）和卸粮道，转弯处应割出较大半径的圆角。一般而言，边割道宽为 4～8 米，V 型割道宽为 12～16 米，卸粮道宽 8～10 米，圆弧割道半径为 60～70 米。如图 8-1，打 V 型道时，一定要标准，否则徒劳无益。

（二）操作方法及注意事项

1. 投入作业前，所有的收割机都应进行试运转　试运转时，在起动发动机前，应仔细检查所有部件的完好性和所有连接、固定及传动部位的可靠性。清点工具，彻底清理脱谷部分内部遗留的物品。然后起动发动机，带动脱谷部分，由低速空转逐步到达工作速度。

2. 收割机负荷试运转　通过田间的试割进行，先是低速挡窄幅（1/3～1/2 割幅）试割试脱，然后逐渐增加割幅直到满割

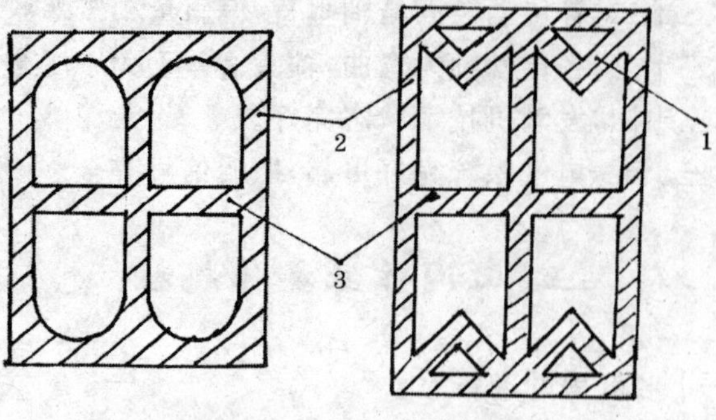

图 8-1　割道示意图

1. V 型道　2. 边道　3. 卸粮道

幅。试运转过程要认真检查机器各部运转情况和收割质量(割茬高低、脱粒性能、清洁率、破碎率、粮食夹带和综合损失等),要彻底解决跑漏粮问题,未进行试运转的机器,不能投入作业。

3. 机组进行收获作业割道　一般都采用离心或向心绕行作业。有时也采用梭形法进行收获(视具体情况而定,原则是有利提高生产效率)。

4. 作业行走速度　作业行走速度取决于机器功率的大小、作物产量高低、作物谷草比大小、作物的收割时期、作物收割时的潮湿程度、空气湿度大小和田间杂草的多少等诸多因素。总的原则是当机器总损失率不大于 2%时,应尽量提高作业速度。

5. 统一信号或手势　田间作业开始,应明确统一信号或手势,用信号和手势通知随机人员到各自的工作岗位,驾驶员在确认一切正常后,在确保安全的情况下方可起步。

6. 注意防火　发动机排气管应装火星收集器,收割机应配灭火器(禁止吸烟)。

7. 联合收割机进行作物收获时，只要条件允许，尽可能采取行走卸粮 如只能停车卸粮时，应合理选择卸粮点，尽量缩短卸粮时间和停车次数。

8. 联合收割机带集草车时，应注意卸草点不要卸在地头转弯处 草堆要成行，便于运出田间。

9. 联合收割机每天作业开始和结束的时间视天气情况而定 早上待露水消失后方能开始收割，晚上出现露水时停止作业。不允许带露水作业。

10. 联合收割机驾驶员在收获作业中要做到七看、两听、一嗅 七看：一看前方有无障碍；二看割台工作是否正常；三看割茬高低，有否漏割（拾禾作业时有无漏拾）；四看粮仓进粮情况（进粮多少、清洁度和破碎情况等）；五看收割机尾部是否正常出草；六看清粮部分杂余是否返回滚筒复脱；七看仪表指示是否正常。两听：一听发动机有无异常响声；二听脱谷部分转动是否平稳。一嗅：有无因摩擦、高温和电气系统烧损而产生的异味。

总之，作业中要精力集中，保证作业质量和机器的正常运转，信号联系要可靠，防止人身伤亡和机械事故的发生。

（三）联合收割机在作业过程中的正确调整

联合收割机在作业过程中的合理使用和及时正确的调整，是实现高效、低耗、优质和安全生产的极其重要的关键性措施，驾驶员必须认真地努力做到。

1. 合理使用作业速度 作业速度的快慢决定喂入量的大小和作业质量的好坏。作物产量高、密度大、谷草比大、潮湿和杂草多时作业速度要慢；作物产量低、密度小、谷草比小、干燥和无杂草时作业速度即可快。作业的最高速度快慢只能通过挡位变换来实现。不允许用油门控制速度快慢（牵引式收割机例外)。

2. 发动机只能以额定转速工作 联合收割机在作业过程中,不论喂入量如何变化,发动机只能以额定转速工作。绝不允许因喂入量的变化而改变油门位置。

3. 割台高度调节范围 割台高度调节范围为 100~600 毫米。收割时根据作物生长情况进行调整。收割倒伏和矮秆作物时,调到 100~130 毫米的位置;收割高秆作物时调到 180 毫米,拾禾作业调到 100 毫米位置。

割台的平衡靠两侧的两组弹簧进行调整(左侧 4 根、右侧 3 根)。调至仿型托板对地面的总的压力为 30 千克,驾驶员用一只手能掀动左或右分禾器尖。左、右两侧的压力应相同。

在石块多或湿度大的土地上,不能使用仿型板时,应在左侧转动轴承壳和右侧托架上加专用垫铁(用螺栓固定),使割台在仿型托板离开地面的情况下工作。

4. 拨禾轮的调整 拨禾轮在作业过程中调整得是否合理和正确,将直接影响切割质量和割台损失量。视作物生长情况,拨禾轮随时进行高低、前后、转速、压板位置和弹齿角度等的调整。

(1)前后位置调整 收割株高而直立的小麦,拨禾轮应处于正常位置,即拨禾轮轴线应位于刀尖前 6~7 厘米;收割倒伏小麦,倒伏方向与机器前进方向一致时,拨禾轮前移,反之则后移。拨禾轮后移时,拨禾轮的压板与割台推运器伸缩拨指间的最小间隙不得小于 15 毫米,以免拨指与压板相碰。

(2)高度调整 正常情况下,以压板打在株高的 2/3 处为宜。割倒伏或矮秆小麦时,拨禾轮应向低调,直到能扶起倒伏的作物为宜,最低时,弹齿的最低点与切割器之间的间隙应不小于 20 毫米。

(3)拨禾轮弹齿角度调整　正常情况下，弹齿应处于垂直或向前呈 15°角，收割倒伏作物时，弹齿应向后呈 15°～30°角，以利挑起倒伏秸秆。

(4)压板位置调整　收割直立而又低矮的作物时，压板应向下调，收割重头作物时压板应固定在中间位置或上部。收割倒伏作物时，应将压板卸掉。

(5)拨禾轮转速调整　拨禾轮转速调整范围为16.5～51.9 转/分。作业时转速调整应根据机器的前进速度而定，前进速度快，拨禾轮转速也应调快；前进速度慢，拨禾轮转速也就调慢。合理的调整关系应当是：拨禾轮压板外缘线速度应为机器前进速度的 1.5～1.7 倍。眼睛观察应当是作物被切割器切割时，应处于直立或稍向后倾斜状态时为宜。

5. 滚筒与凹板间隙调整　滚筒与凹板间隙的调整是收割机作业过程中最重要的调整，间隙大小和间隙调整时间，完全取决于作业条件的变化，一天之中，早、晚间隙小，中午间隙大。作物潮湿、口紧、草多时，间隙要调小；作物干燥、口松、无草时，间隙调大。在保证脱粒质量的前提下，尽可能调大凹板间隙。绝不允许因负荷大小调整滚筒间隙。收割不同作物时，滚筒转速和凹板间隙都应进行相应的调整，具体数据见表 8-2。

表 8-2　收获各种不同作物时滚筒与凹板间隙表

作物名称	滚筒转速(转/分)	凹板间隙(毫米)	
		入口	出口
小麦、谷子	1000～1200	14～20	2～8
小麦、燕麦、黑麦	900～1000	16～22	4～10
籼稻	700～900	18～24	6～12
大豆、高粱	500～700	20～28	8～14
玉米、向日葵	400～500	40～46	28～34

6. 清粮筛的调整 工作中，上筛筛片开度应尽可能大一些，以筛面不跑粮为原则。一般情况下，下筛筛片开度为上筛开度的 1/3～2/3。调整正确的筛片开度其谷粮的清洁度高，此时杂余推运器没有或只有极少的籽粒。如果杂余推运器中混入大量籽粒，调整筛开度及风量无效时应调整筛子的倾斜度，即将下筛后部调高；若谷粒清洁度差，调整筛孔、风量不能解决时，应将下筛后部放低。

尾筛的正确调整能减少籽粒和断穗的损失。尾筛筛孔开度及尾筛倾角太大，会使大量杂余（包括较长的茎秆）进入杂余推运器，严重时造成推运器堵塞。但尾筛的筛孔开度和倾角太小，会造成籽粒和断穗损失。

如果在颖糠中混有从筛面跑出机外的断穗头，除应开大尾筛开度外，还应抬高杂余滑板的挡板。

总之，作业中真正做到既无籽粒和断穗损失，又能保证粮食的清洁度，只能靠驾驶员在工作中认真总结经验，熟练掌握调整技巧才能实现。

7. 风扇风量的调整 收获大籽粒、潮湿或杂草多的作物时，筛面负荷大，风量应适当调大；收获小籽粒、干燥的作物时，风量应调小。风量大小是否合适，应检查谷粒清洁度和尾筛颖糠中有否谷粒来判断。谷粒清洁度低，应加大风量，尾筛颖糠中有谷籽则应减小风量。调整时要全面考虑，其原则是在筛面不跑粮的情况下，尽可能调大风量，以提高粮食的清洁度。

四、作业质量检查验收方法

（一）分段收获的割晒应注意检查留茬高度

在割台通过的地段上，测量 5～10 个点，求其平均值。

（二）放铺角度检查

测量麦铺与割晒方向所成的夹角，测 5～10 个点，求平均值。

（三）放铺厚度检查

测量麦铺在割茬上的厚度，测 5～10 个点，求平均值。

（四）对联合收割（直接收割）质量检查

主要进行以下内容：

1. 总损失率

$$总损失率 = \frac{平均 667 平方米损失量}{667 平方米产量} \times 100\%$$

其中：

$$平均 667 平方米损失量 = \frac{每平方米损失粒数 \times 千粒重 \times 666.7}{1000}$$

2. 破碎率 在粮仓入粮口随即取样 3～5 次（数量基本相等），然后将好的和破碎的分开记数，破碎、裂纹、破壳均为破碎粒。破碎重量除以总重量乘以 100%，即为破碎率。用公式表示为：

$$破碎率 = \frac{破碎粒重量}{总重量} \times 100\%$$

3. 清洁率 在粮仓入粮口随即取样 3～5 次（数量基本相等，不少于 100 克），除去杂质，称出纯粮食重量除以总重量，再乘以 100%，用公式表示即为：

$$清洁率 = \frac{纯粮食重量}{取样总重量} \times 100\%$$